CIENCIA Y FANTASIA SOBRE LAS SERPIENTES DE VENEZUELA

Janis A. Roze

CIENCIA y FANTASIA sobre las SERPIENTES de VENEZUELA

FUNDACION
LA SALLE
DE CIENCIAS
NATURALES

EDITORIAL «FONDO DE CULTURA CIENTIFICA», S. R. L.
CARACAS - 1970

FOTOGRAFIAS
Y DIBUJOS DE
EMIL BRÖCKL

I.S.B.N. 84–399–8803–6
Depósito legal: M–29243–1978
Impreso en España – Printed in Spain
MELSA. Pinto (MADRID)

PRESENTACION DEL AUTOR

Janis Roze, nacido en Tukums, Letonia, en el año de 1926, es el autor de este libro que hoy presentamos a ustedes, y que ha de interesar tanto al científico como al naturalista aficionado.

El Dr. Roze llegó a Venezuela en el año 1948, después de haber cursado Química en la Universidad de Friburgo, en Alemania. Se inscribe en la Escuela de Biología de la Universidad Central y en 1949 es nombrado preparador y auxiliar docente y de investigación en la misma Escuela, cargo que desempeñará hasta recibir el grado de Licenciado en Biología en 1954. Posteriormente se encarga de la cátedra de Sistemática de Invertebrados. Asimismo participa en otros cursos, tales como Sistemática de Vertebrados, Herpetología y Filosofía de la Ciencia.

Su trabajo «La Taxonomía y Zoogeografía de los Ofidios de Venezuela», editado por Ediciones de la Biblioteca, Universidad Central, fue la Tesis presentada para optar al título de Doctor en Ciencias Biológicas en 1959.

En 1962, su dilatada labor y la presentación de su interesante trabajo «Ecología y ciclo vital de la Tortuga Arrau del Orinoco», le hizo acreedor al premio Nacional de Conservación «José María Vargas». En el mismo año, la Facultad de Ciencias de la Universidad Central, en reconocimiento a su trabajo docente y de investigación, le entrega un diploma al mérito y una medalla de oro. En 1963 es designado Investigador Asociado por el Museo Americano de Historia Natural de Nueva York; actualmente se encuentra allí y trabaja sobre la

Taxonomía de los lagartos y las corales venenosas del Nuevo Mundo. Como representante de la Facultad de Ciencias, ha participado en numerosos Congresos Internacionales y ha publicado más de 30 trabajos científicos.

Con respecto a las numerosas ilustraciones que acompañan esta obra, vale decir que son fruto de un paciente trabajo de años y que, con excepción de muy pocas, muestran a los animales vivos y en su ambiente natural. Tiempo y paciencia fueron factores determinantes al tratar de captar a tan caprichosos modelos en el momento adecuado. Emil Bröckl, autor de dichas fotos, es pintor y artista gráfico; estudió en Viena y vive desde 1949 en Venezuela. Desde 1958 trabaja en el Instituto de Zoología Tropical de la UCV y dicta, en compañía del Profesor Ch. Ventrillon, la cátedra de Dibujo Biológico en la Escuela de Biología.

INTRODUCCION

Sin aliento, con los ojos llenos de excitación, aparece corriendo hacia un grupo de personas el «Rápido» del pueblo y sus primeras palabras son:

«¡¡La vi, la vi matar en un instante al perro del vecino!! Era una Macaurel de unos cuatro metros de largo, por lo menos, y era tan gorda...» Y sus manos enseñan el espesor del tronco de una palma mediana.

Las palabras del «Rápido» caen en un suelo fértil y después de haber pasado la primera excitación de contar los cómo y dónde, cada uno empieza a recordar los «fenómenos» del reino ofídico. Pronto resulta que uno ha visto con «sus propios ojos» una Culebra de Agua, de 24 metros de largo; otro ha tenido que correr con toda velocidad para escapar de una Mapanare que lo ha perseguido enrollada como un «Hulla-hup», con su propia cola en la boca. Otro también ha visto, cuando era joven, a una Cazadora que mordió con su cola a una mujer y la infortunada se desplomó, muerta instantáneamente por la misteriosa mordedura. Otros más, se acuerdan del viejo curandero que sanaba la mordedura de los ofidios más ponzoñosos con tan sólo una buena escupida en la herida y unos pocos tragos de su aguardiente mágico que, según los peritos en la materia, estaba en una botella junto con siete maracas de Cascabel y la cabeza de una Mapanare que había causado la muerte de un hombre.

Los hechos «verídicos» abundan en las conversaciones y siempre se escuchan cuentos más y más horripilantes, sin excluir la mirada hipnotizadora ofídica que para en seco aun a los hombres más machos...

Este es un encuentro más bien común y corriente con el reino de la fantasía y la imaginación que adorna todo lo relacionado con las serpientes, y, sin experiencia o datos reales, es difícil distinguir lo verdadero de lo aproximadamente verdadero, lo psicológicamente verdadero de lo netamente falso.

Seguramente, nosotros mismos nos hemos formulado la

pregunta: ¿Dónde termina la verdad y empieza la mentira?, sin haber podido obtener contestación definitiva.

Tampoco parece ser satisfactoria la reacción extrema de: «No, no, no, ni me hablen de los ofidios; es la cosa más repugnante que existe. No puedo verlos ni muertos. No, no, y, por favor, ¡no!», porque esto simplemente pospone la solución de un conflicto psicológico dentro de nosotros mismos que está en suspenso, y por miedo no queremos afrontarlo.

Sin embargo, hay personas que han dejado a un lado la parte emocional y el miedo y han estudiado las serpientes CON CALMA y en forma científica. Como resultado de este esfuerzo, podemos sustituir nuestra ignorancia por conocimientos que, como en todos los campos del saber humano, nos proporcionan satisfacción interna y seguridad contra lo anteriormente desconocido.

Desde luego, este libro no es un tratado científico, ni pretende serlo: es más bien una fuente de información sobre los hechos reales que despiertan curiosidad e interés en la gran familia de las serpientes.

¿QUE SON LAS SERPIENTES?

A) SU PASADO

Hace muchos millones de años, cuando todavía no existía el hombre, los antepasados de las serpientes, probablemente debido a sus hábitos de arrastrarse, perdieron gradualmente sus patas, y desde aquel entonces ellas son unos de los pocos vertebrados que carecen de extremidades.

Como un recuerdo lejano de sus patas, algunas de ellas, como nuestra *Tragavenados*, todavía poseen unos pocos huesecillos y pequeños apéndices en la región pélvica, o sea, donde otros animales «normales» tienen fijadas sus patas posteriores.

En realidad, poco conocemos de su pasado, sobre todo en Suramérica; en la región Patagónica se ha encontrado un pariente lejano de nuestras serpientes actuales, de un grupo de las corales falsas de la Familia *Aniliidae*, y de allá procede también un ofidio gigante, *Madtsoia*, de unos diez metros de largo, que vivió hace unos 50 millones de años y está relacionado con nuestras boas gigantes. Otro record fósil proviene del Perú, de una serpiente marina, en tanto que en Venezuela, el ya fallecido doctor J. ROYO Y GÓMEZ, de la Escuela de Geología y Minas de la Universidad Central de Venezuela, al hacer excavaciones en el Estado Falcón, encontró vértebras fósiles de ofidios que nos hablan de su presencia en las tierras venezolanas del Pleistoceno, o sea hace unos 17 millones de años.

Quizá el hallazgo más impresionante que nos permite especular sobre el pasado de las serpientes es el de un colmillo del grupo de las serpientes *Opistoglifas* (ligeramente ponzoñosas), encontrado en la región del Gran Chaco suramericano. A juzgar por el tamaño de dicho diente o colmillo, este animal, llamado *Bothrodon* por su descubridor, era un verdadero monstruo gigante que sobrepasaba con facilidad los 18 metros de largo: más largo que cualquier serpiente viviente. El reptil fue encontrado en estratos pleistocénicos que, en términos de la historia de la tierra, es casi «ayer por la tarde». No sería de extrañarse que alguno de estos monstruos todavía se encuentre en algún rincón poco explorado de la tierra o en los mares más profundos, para dar origen a los numerosos cuentos y leyendas sobre monstruos marinos. Los océanos, en sus vastas y profundas dimensiones nos pueden proporcionar todavía muchas sorpresas; recordaremos el relativamente reciente hallazgo cerca de las costas de Africa del *Latimeria*, pez que se creía extinguido hace varios millones de años.

B) UBICACION EN EL REINO ANIMAL

Las serpientes, al ser vertebrados, forman un grupo bien definido entre los reptiles; los lagartos o saurios son sus primos hermanos más cercanos, como también los cocodrilos, y, por raro que parezca, también los quelonios: morrocoy, tortuga, etcétera.

Quizá esto suena algo prosaico para el «misterioso» grupo de las serpientes y les quita mucho romanticismo. Estaríamos más bien inclinados a creer en la creación de estas criaturas: *satánica* por su ponzoña y por sus movimientos serpentoides, y *divina* por su simbología en las religiones y filosofías, donde la serpiente representa la evolución y sabiduría. «Sed sabios como la serpiente», nos enseñan la Biblia y muchas otras fuentes.

Por otra parte, la época aproximada del origen del grupo de las serpientes, pudiera dar indicaciones a los eruditos en el estudio de las Escrituras Sagradas, para ubicar la época simbólica de Adán y Eva, o sea, el origen de la humanidad.

C) BREVES CARACTERISTICAS GENERALES

Una característica o estructura morfológica tiene sentido sólo cuando está considerada en relación con la función que desempeña. Debido a esto, nuestro bosquejo de la anatomía será estrictamente relacionado con su función en la naturaleza y la mayoría de las estructuras estarán descritas en los capítulos correspondientes.

La Historia Natural antigua estaba principalmente relacionada con la mera descripción de los animales o partes anatómicas individuales y aisladas, por tanto era *descriptiva* y *estática*. El concepto moderno de la Historia Natural, expresado principalmente a través de una nueva disciplina científica (Ecología) estudia al animal en su medio ambiente natural. El concepto de un animal, hoy día es sintético, y las estructuras se estudian de acuerdo a su uso, enfocándolas desde el punto de vista *funcional* y *dinámico*.

Un diente puede ser descrito a máxima perfección, pero cobra sentido solamente cuando se indica que se encuentra en la boca y ayuda a sostener la presa, lo mismo que un color azul descrito aisladamente de un cuadro no indicará nada a menos que lo ubiquemos en el cuadro pintado, donde el azul representará mar o cielo. Junto con otros colores, nuestro azul completará el cuadro y será tan importante como el pardo de la tierra o el verde de los árboles, de la misma manera como una estructura anatómica se relaciona con el animal en su totalidad.

Desde luego, la característica más resaltante por la cual una serpiente se llama serpiente, es la ausencia de patas; pero un examen del Reino Animal nos revela la existencia de otros grupos de vertebrados cuyos representantes han perdido sus extremidades. Entre ellos tenemos varios saurios (reptiles) y cecilios (anfibios) que en Venezuela reciben el nombre de *Culebras de dos Cabezas*, por tener aspecto serpentoide y por poseer las dos extremidades de su cuerpo de igual grosor, aunque su relación con las serpientes es sólo en la apariencia externa.

Con la reducción y pérdida de patas, surgieron toda una serie de características exclusivas de las serpientes. Parece ser que, a través de toda su evolución, las serpientes se han esforzado por desarrollar «modelos exclusivos» en su anatomía para merecer los distintivos especiales, como los suele considerar el hombre.

El alargamiento casi excesivo de su cuerpo, es una de esas características que trajo consigo el alargamiento de los órganos internos. Mientras los otros órganos lograron adaptarse a la nueva figura esbelta de las serpientes, los pulmones tuvieron que hacer sacrificios, y de allí es que el pulmón derecho de la serpiente esté reducido o ausente del todo. A pesar de esto, las serpientes no parecen sufrir carencia de oxígeno, más bien lo contrario: pueden sumergirse debajo del agua sin respirar por bastante tiempo utilizando gradualmente el oxígeno acumulado en una estructura membranosa especial del pulmón.

Para sostener y manejar con agilidad su cuerpo, las serpientes poseen numerosas vértebras conectadas íntimamente entre sí pero que les permiten una flexibilidad extraordinaria en los movimientos. Un experimento famoso nos deja apreciar la interrelación de las vértebras: cuando se dobla la cola de una serpiente recientemente muerta, ondas de contracción corren por todo su cuerpo hasta la cabeza.

La cabeza es la parte más importante y, prácticamente, la única diferencia del resto del cuerpo. El cráneo lleva la caja cerebral y los restantes huesos están unidos libremente, sobre todo la maxila (superior) y mandíbula (inferior), haciendo juego libre, lo cual permite abrir mucho la boca. En la cabeza se ubican también las narices y los ojos.

Mucho se ha oído hablar sobre la mirada hipnotizadora de las serpientes que «sin parpadear» paraliza a sus víctimas. La verdad es que ellas carecen totalmente de párpados y despiertas o dormidas, sus ojos siempre están abiertos. Seguramente su sueño es muy diferente del de los seres humanos, y como en la naturaleza uno siempre tiene que estar alerta para no ser comido por algún enemigo, sus ojos vigilantes son una ventaja. Para la protección de los ojos, en vez de párpados, las serpientes poseen una membrana transparente, algo similar a los modernos lentes de contacto, en forma ovalada y ajustados al ojo. Las ventajas no pueden ser más obvias: Primero, objetos extraños, como granitos de arena, pedazos de hojas y ramas no pueden caer en los ojos e irritarlos, y segundo, fuertes lluvias o inmersión en el agua no les ocasiona ninguna molestia.

Otra exclusividad serpentoide es la ausencia del oído externo, y aunque las estructuras internas están desarrolladas, podemos considerarlas como sordomudas en un sentido muy especial.

Sin poder comunicarse entre sí por medio del sonido, las señales entre dos serpientes de la misma especie (sobre todo con el sexo opuesto), se llevan a cabo friccionando los cuerpos entre sí, o percibiendo los olores emitidos por glándulas especiales.

La presencia del oído interno les permite, sin embargo, percibir vibraciones del suelo, y si el sonido es particularmente fuerte y hace vibrar su cuerpo, la serpiente también lo percibe. Aunque este tipo de percepción nos parece deficiente, no será inútil del todo, especialmente en un bosque donde lo que importa es oír los pasos de otros animales que se acercan, amigos o enemigos. Más aún, esos pasos que son frecuentemente imperceptibles al oído, hacen vibrar la tierra y se transmiten a distancias considerables. Es bien conocida la costumbre de los indios de poner el oído al suelo para oír los movimientos de la presa para cazarla, o percibir la presencia de guerreros enemigos en senderos adyacentes. ¿Lo habrán aprendido de las culebras «sordomudas»?

Nueve de cada diez personas, aun entre los universitarios afirmarán que las serpientes son frías y muchos agregarán que son también babosas, resbalosas y húmedas. Tales afirmaciones parcialmente se basan en la denominación de los reptiles como animales de «sangre fría».

Sentimos mucho tener que destruir estas creencias sobre las serpientes. Primero, ellas, como todos los demás reptiles, son animales *poikilotermos*, lo cual en idioma corriente significa que son animales con la temperatura del cuerpo variable, que se adapta a la del medio ambiente. Si la temperatura ambiental es de 24°C, el cuerpo de la serpiente tendrá una temperatura similar o acaso un grado más. Al bajar la temperatura del medio ambiente, también la serpiente bajará la suya. De esta manera la temperatura de su cuerpo puede llegar hasta cerca de cero grados centígrados sin sufrir mayores percances.

Una ventaja que se deriva de este fenómeno es que la serpiente no necesita gastar energía para mantener constante la temperatura de su cuerpo, como lo hacen las aves y los mamíferos, llamados animales de «sangre caliente», o sea *homeotermos*. Para la serpiente esto se traduce en ahorro de comida: una comida semanal le basta para poder vivir y moverse.

Las serpientes no son ni húmedas ni babosas. Su cuerpo está cubierto con escamas córneas, secas y usualmente brillantes.

Fig. 1. La Sapera (Thamnodynastes) con su piel acabada de mudar

Cuando la piel o capa externa de la epidermis está gastada (igual que los seres humanos cambian su traje viejo) la serpiente la muda e inmediatamente, debajo de la vieja, ya está formada la nueva piel con todo su brillante colorido. Esto ocurre varias veces al año. Un poco antes de la muda, la serpiente se pone opaca y pierde sus colores naturales normales; inclusive el ojo se cubre de un color opaco-grisáceo. Mientras tanto, el cuerpo, debajo de la piel, empieza a producir secreciones que facilitan el desprendimiento de la piel. Baños frecuentes antes de la muda ayudan en la tarea preparatoria para el cambio de la piel. Durante esta época las serpientes no comen y son sumamente agresivas, casi sin provocación.

Cuando llega el momento de la muda, la serpiente busca la manera de rozar su cuerpo contra las piedras o cortezas rugosas, sobre todo la cabeza, hasta que, empezando por los labios, la piel empieza a aflojarse. Entonces, ella trata de engancharla o pasar entre objetos agudos para salir de la piel, de una manera similar a la usada cuando se saca la mano de un guante de goma, dejando la piel vieja invertida, es decir, la parte de adentro para afuera (fig. 1). En el campo, frecuentemente se encuentran abandonadas «las mudas», que dan origen a numerosas creencias y leyendas.

¿COMO VIVEN Y COMO SE REPRODUCEN?

A) ¿DONDE SE ENCUENTRAN?

Cuando uno se atreve a dejar la carretera que atraviesa el Istmo de Médanos del Estado Falcón, penetra inmediatamente en el mar viviente de arena formado por grandes y pequeños médanos que se mueven lentamente de un lugar a otro, gracias a las caricias constantes del viento. El paisaje es realmente desértico; entre las colinas apenas se pueden encontrar algunos arbustos medio enterrados o algún cardón que, por equivocación, no ha sido cubierto por la voraz arena. Todo es desolación y sed.

Al desaparecer el sol detrás del horizonte se calman los vientos y se empieza a oír el canto de algún *Chuchube* o *Cardenalito*, y de repente, una «rama seca» de Cují empieza a moverse, no por el viento, sino por el hecho de que la «rama seca» resulta ser una *Bejuca (Oxybelis aeneus)* que ha resistido las condiciones desérticas y el calor.

La Bejuca pasa el día debajo de troncos secos en hendiduras de árboles crecientes, en el cruce de ramas gruesas o en cualquier otro sitio apropiado que ofrece albergue contra el sol, viento, arena y enemigos. Con la puesta del sol ella sale en busca de alimentos.

A pesar de las condiciones adversas en los Médanos, la Bejuca se ha adaptado bien al medio ambiente; además, el calor, la escasez de agua y alimentos, ha impedido la presencia de otras especies de animales con aspiraciones al mismo escondite y la misma alimentación. Podemos concluir que la Bejuca no tiene competidores.

Como los seres humanos establecen su domicilio usualmente donde tienen mejores posibilidades de trabajo, menos competencia y mejor vida, de acuerdo con su profesión y aspiraciones, así también las diferentes especies de ofidios establecen su área de actividad en aquellos habitats donde ellos pueden encontrar condiciones de vida más apropiadas para su existencia.

Según se ha dicho, la naturaleza es como una cadena ininterrumpida de acciones-reacciones dinámicas que nunca cesan de actuar. Cada acción provoca una reacción, o sea, cada animal come y es comido a su vez por sus enemigos, y siempre tiene que estar pendiente de quién huir, a quién perseguir o cuándo estar indiferente.

Los ofidios no piensan, sino que reaccionan instintivamente frente a las condiciones en que se encuentran. Desde el momento en que salen de su escondite todo se transforma en estado de alerta permanente, porque el «*to be or not to be*» Shakesperiano está siempre presente, traducido en una serie de deberes y privilegios que el ofidio lleva a cabo en su habitat. Y su actividad, precisamente, determina y justifica su presencia en la naturaleza.

El ofidio ponzoñoso tiene que morder, o una boa gigante estrangular su presa, porque éste es su deber y privilegio a la vez, aparte de toda lógica. En la naturaleza no existe ni el bien ni el mal (pura invención de la mente humana), y la posibilidad de alimentarse o tener escondite por una noche equivale a la posibilidad de ser comido o carecer de escondite en la otra. La naturaleza no tiene domingos y este proceso dinámico es eterno.

Son pocos los ofidios como la Bejuca que pueden tolerar condiciones tan extremas. Por otra parte, en las elevaciones de los Andes o en los picos de la Cordillera de la Costa, donde reina el excesivo frío, vientos y humedad, están presentes varias otras especies. Entre estos dos extremos climáticos hay toda una gama de habitats que dan albergue a la mayoría de las especies de serpientes.

En las selvas nubladas, con clima óptimo, como el *Parque Nacional Henri Pittier*, de Rancho Grande, o en las selvas de la región amazónica, en el Sur de Venezuela, se ofrece protección a numerosas especies, varias de las cuales todavía son desconocidas para la ciencia.

Nuestra Bejuca es una serpiente arbórea que pasa casi toda su vida entre las ramas de los arbustos y árboles. Los ofidios que se han adaptado a la vida arbórea han sufrido toda una

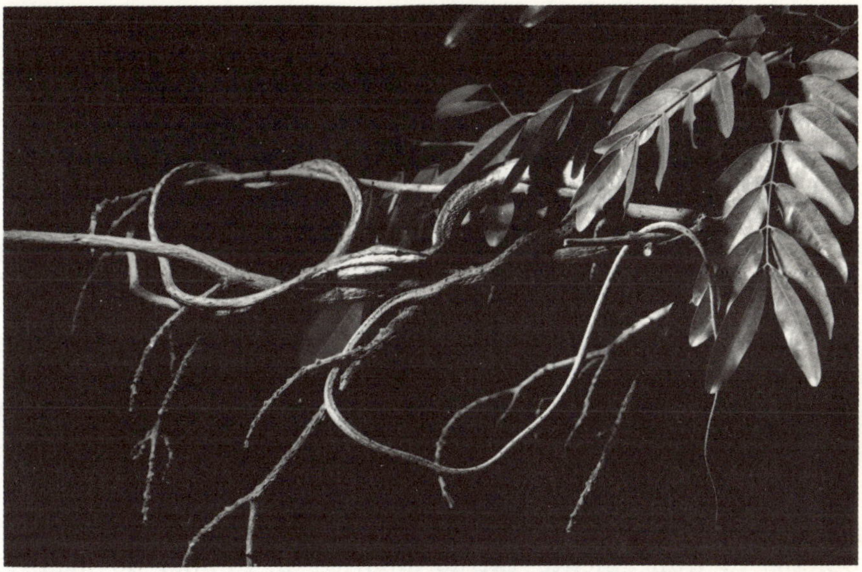

Fig. 2. La adaptación de la Bejuca para la vida entre las ramas secas es perfecta. No ponzoñosa

serie de modificaciones para facilitarles sus diferentes actividades. La Bejuca tiene su cuerpo muy delgado y considerablemente alargado, de tal suerte, que no le es difícil extenderse entre las ramas con unos pocos puntos de apoyo. Su cuerpo grisáceo se confunde con facilidad entre las ramas (fig. 2). El color de los ofidios arbóreos usualmente es verde, gris, pardo o amarillento, bien adaptado a la coloración general del follaje.

El doctor W. Beebe, eminente zoólogo de la Sociedad Zoológica de Nueva York, pasó cierto tiempo en Caripito, Estado Monagas y en Cartabo, en Guyana, estudiando la fauna de nuestras tierras. Entre sus observaciones, él cuenta sobre la sorpresa que le causó una Bejuca que lo observó desde lo alto de un árbol, girando su pupila hacia abajo sin mover la cabeza, lo cual constituye una adaptación extraordinaria a la vida arbórea. Los ofidios terrestres tienen prácticamente un solo ángulo de observación para observar lo que se encuentra sobre el suelo, y sus ojos no pueden girar en la órbita libremente. Viviendo entre el follaje, la Bejuca necesita ver tanto hacia arriba como hacia abajo, para lo cual ha desarrollado la capacidad de mover los ojos para que el movimiento de la cabeza no delate su presencia.

Varias especies arbóreas poseen la cola prensil (igual que los monos), que les sirve para agarrarse a una rama mientras el cuerpo cambia de posición.

La gran mayoría de las serpientes venezolanas son de hábitos terrestres y pueden estar presentes prácticamente en todas partes. Su escondite puede ser cualquier objeto: piedras, troncos de árboles caídos, raíces vivas de árboles, montones de hojas secas... También instalaciones humanas: casas o chozas abandonadas, madera de construcción amontonada o diferentes objetos alrededor de la casa.

La capacidad de los ofidios para esconderse debajo de los objetos es francamente extraordinaria: un animal de más de un metro de largo, encuentra el modo de acomodarse debajo de una tabla de apenas 30 centímetros de diámetro. Cuando se trata de piedras o ramas de árboles y troncos irregulares en el suelo, la culebra da vueltas alrededor del objeto probando con la cabeza las diferentes entradas, hasta que por fin penetra lentamente debajo del objeto y desaparece, a pesar de que a veces, comparado el tamaño del objeto con el de la culebra, tal hazaña parece imposible. Al levantar el objeto encontramos que el cuerpo de la culebra está bien enrollado en lazos irregulares, uno sobre el otro, para aprovechar todo el espacio disponible entre el objeto y la tierra.

Muchos ofidios utilizan las cuevas naturales o fabricadas por otros animales para sus escondites, y de ahí la sorpresa desagradable de la gente cuando, por ejemplo, al buscar al Cachicamo en su cueva se encuentra con una Cuaima Piña.

Un modo especial de vida lleva un grupo de serpientes que tienen hábitos minadores, o sea, que pasan la mayor parte de su vida medio enterradas. Para ellas no es problema encontrar un escondite, ya que la tierra está presente en casi todas partes, suavizada por las raíces de las plantas, lombrices de tierra o mamíferos roedores.

En realidad, ningún ofidio es netamente acuático, debido a que el aparato respiratorio de ellos es un pulmón (órgano de respiración aérea). Sin embargo, varios ofidios han encontrado la vida más agradable adaptándose a condiciones semiacuáticas. Estas especies, aunque pasan gran parte de su vida en el agua, siempre tienen que subir a la superficie para llenar sus pulmones de aire. Gracias a ciertos dispositivos en los pulmones, ya mencionados en un capítulo anterior, el ofidio puede utilizar gradualmente el aire y quedarse sumergido por media hora o más, según la especie.

En los ríos, caños y lagos de Venezuela se encuentran varias especies semiacuáticas, entre ellas la Culebra de Agua o Anaconda, *(Eunectes murinus)* y varias especies más pequeñas, como la Coral Falsa acuática y otras más. Estas especies pueden vivir perfectamente sobre la tierra, aunque una demora prolongada puede causarles ciertos inconvenientes fisiológicos, como dificultad en efectuar la muda, que requiere la presencia de la humedad.

Una ventaja que tienen los ofidios acuáticos y aun aquellos que de vez en cuando se lanzan al agua para nadar a ratos prolongados, sin ser de costumbres semiacuáticas, la comprobamos en los terrarios de la Escuela de Biología de la Universidad Central. En una época recibimos varios ofidios vivos, entre ellos una Culebra de Agua, una Tragavenados *(Boa constrictor)* y una Tigra Cazadora *(Spilotes pullatus)*. Debido a carencia temporal de jaulas apropiadas, las ubicamos en un terrario sin recipiente de agua suficientemente grande como para permitirles sumergirse. Dentro de los días siguientes aparecieron sobre los ofidios gran cantidad de garrapatas y, a pesar de nuestros esfuerzos por eliminarlas, ellas aumentaron en número y tamaño constantemente; al mismo tiempo los ofidios rechazaron toda comida que les fue ofrecida.

Después de varias semanas nos llegaron los tanques de agua que fueron instalados en las jaulas. La reacción inmediata de los ofidios era sumergirse en el agua, donde permanecieron por varios días con sólo la punta de la cabeza afuera. Como resultado de este baño prolongado, desaparecieron todas las garrapatas. La Anaconda efectuó el cambio de la piel y todas empezaron a aceptar alimentos.

De este episodio se puede ver la utilidad de costumbres semiacuáticas, aun de las costumbres de darse un baño (ampliamente reconocido en la sociedad humana) para la muda y eliminación de los ectoparásitos que pueden causar situaciones desagradables a los ofidios que carecen de patas para rascarse.

B) CICLOS DE ACTIVIDAD

Nuestra Bejuca que descubrimos en el Istmo de Médanos, como la mayoría de las serpientes venezolanas, son de hábitos nocturnos. Con los últimos rayos del sol ellas salen de sus escondites y sus «horas de oficina» se prolongan hasta la madrugada.

El conocedor de las serpientes sabe que durante las primeras horas de actividad, ellas todavía están algo lentas en sus reacciones y no están bien acostumbradas a ver en plena luz.

En una expedición efectuada con la Sociedad de Ciencias Naturales La Salle, el año 1952, a la Isla Margarita, preguntamos a los isleños en Boca de Río, cuyos alrededores son muy secos y áridos, si había muchas serpientes en su región, a lo cual nos contestaron que había muy pocas, y que se encontraban muy raras veces.

Aprovechamos las últimas horas del día y antes de obscurecer salimos a recolectar algunos animales; y grande fue la sorpresa de los hospitalarios habitantes de La Boca del Río cuando regresamos con nueve ofidios, todos recolectados en esa misma tarde y hasta las once de la noche. Nuestro botín incluía una *Mapanare del Monte*, ponzoñosa (*Bothrops lansbergii venezuelensis*) que la mayoría de los margariteños nunca habían visto ni sabían sobre su existencia en la isla. Más tarde esta subespecie resultó ser nueva para la ciencia.

En las regiones donde no aparece ninguna serpiente durante el día, puede haber numerosas especies durante la noche y viceversa. En consecuencia, podemos hacer un poco de ciencia y formular los siguientes principios científicos:

1. Las serpientes tienen un ciclo menor de actividad definido para cada especie. Dicho período de actividad puede ser:

a) *Nocturna* - desde el atardecer hasta el amanecer, y
b) *Diurna* - desde la mañana hasta el atardecer.

Estos dos ciclos en algunas especies no son tan estrictos y pueden abarcar parte de los dos tipos.

2. En una misma región puede haber serpientes nocturnas como también diurnas, sin que los dos tipos de especies se encuentren.

Claro está, que los habitantes de una región usualmente conocen mejor las especies diurnas que las nocturnas, por tener la especie humana el mismo ciclo de actividad.

Varias serpientes nocturnas son fáciles de reconocer por la presencia de una pupila vertical en el ojo, indicación indiscutible de que se trata de ojos adaptados para ver en la obscuridad, igual que un tigre u otro animal nocturno. Sin embargo, ésta no es una regla fija, ya que existen también especies nocturnas con una pupila ovalada o casi redondeada. En ellas, el dispositivo de regular la luz y su percepción está situado en alguna otra parte estructural del ojo. Además, entre las especies del ciclo de vida nocturno, hay algunas que concentran su mayor actividad en las pocas horas de luz disponibles, o mientras la luna es visible, y son poco activas en la máxima oscuridad.

Las especies diurnas abundan más en las selvas o regiones donde hay sombra y humedad que las protege contra el sol tropical (el peor enemigo de las serpientes).

Hace varios años, el Licenciado Gonzalo Medina, Director de la *Estación Biológica Henri Pittier*, de Rancho Grande, nos envió varias serpientes vivas, entre ellas una especie netamente diurna de las llamadas *Cazadoras Manchadas (Dendrophion percarinatus)*. Cuando fuimos al Jardín Botánico de la Universidad Central para tomar fotos, la dejamos inadvertidamente, por una media hora, expuesta al sol intenso del mediodía, lo cual bastó para matar a la Cazadora Manchada. Lo que pudimos hacer fue sólo una foto de la serpiente recién muerta.

Uno de los errores fatales que cometen los amigos que nos envían serpientes vivas a nuestro Museo de Biología de la Facultad de Ciencias de la Universidad Central, es encerrarlas en un recipiente pequeño, que frecuentemente es una botella de «Coca-Cola», sin agua, y exponerlas ocasionalmente al sol o al calor que acaba con las serpientes en tiempo relativamente corto. En vez de un ejemplar hermoso y vivo, nos llega un cadáver medio descompuesto.

En las regiones templadas, al acercarse el invierno, baja la temperatura y la nieve cubre toda la tierra. Para pasar las condiciones adversas de temperatura baja y escasez de alimentos, las serpientes quedan «dormidas» por varios meses hasta la próxima primavera. Este fenómeno se llama invernación.

Como en el trópico no hay nieve ni temperaturas bajas, no se ha observado nada que se pudiera considerar como un ciclo mayor de inactividad que se asemejaría a la invernación. Las serpientes están activas todo el año.

Sin embargo, este aspecto ha sido muy poco estudiado para el reino de las serpientes. Es posible que nuestras serpientes sustituyan la invernación de sus hermanas de las zonas templadas por una simple migración. Por ejemplo, en Rancho Grande hay épocas en que se encuentran muy pocas serpientes (noviembre a febrero) u otros animales mayores, lo cual hace suponer que ellas emigran hacia lugares más húmedos (riachuelos, reservorios del agua o ríos). Recordaremos que de diciembre a febrero, es la estación seca o verano en toda la parte septentrional de Venezuela. Esta migración sería de tipo local o altitudinal.

En Los Llanos, después de la estación lluviosa (invierno), cuando las aguas se retiran, desaparece con ellas también la mayor parte de la abundante vida animal. Un recorrido por Los Llanos nos revela que la mayoría de los animales (inclusive ofidios), han emigrado y se encuentran cerca de los pocos depósitos de agua que quedan durante la estación seca o verano, en forma de morichales, esteros, lagos y ríos mayores.

De esta manera las serpientes, en lugar de quedarse inactivas por varios meses, buscan territorios apropiados para continuar su actividad normal.

En resumen, podemos concluir que las serpientes tienen dos tipos de actividad:

1. El *ciclo menor* que abarca 24 horas, durante el cual la actividad nocturna se alterna con inactividad diurna o viceversa.

2. El *ciclo mayor* que abarca un año de actividad, pero puede incluir cambio de su área de actividad con migraciones para escapar de condiciones adversas.

C) ¿COMO CAMINAN?

Entre todas las características, la más íntimamente asociada con las serpientes es su peculiar modo de locomoción, que siempre ha sido objeto de los calificativos más variados, usualmente visto con horror, repugnancia y respeto: «movimiento serpentoide», «deslizarse como una culebra», y «traidor acercamiento de un ofidio». Cada uno de ellos comprende no solamente las palabras, sino también una buena dosis de sentimientos emocionales que acompañan todo lo relacionado con las serpientes. A nadie se le ha ocurrido que de no poseer nosotros extremidades para caminar, nuestro modo de trasladarnos de un lugar a otro sería muy similar al de las serpientes.

Imaginémonos con las manos y pies firmemente amarrados al cuerpo y colocados en el suelo. Nuestro casi único modo de movernos sería doblando el cuerpo muy torpemente como una lombriz de tierra o... como una serpiente. Por esto podemos apreciar que la manera «serpentoide» de caminar no es un vil invento para horrorizar a la gente, sino una simple necesidad vital, canalizada a través de las posibilidades que le permite su anatomía, desprovista de extremidades.

A pesar de la sencillez de su cuerpo, las serpientes utilizan diferentes modos de trasladarse, muy complicados, que tuvieron en jaque a los científicos por varias décadas; sólo en los últimos años ha sido explicada correctamente la mecánica de varios movimiento, efectuados principalmente de cuatro diferentes maneras: curvilinear, rectilinear, concertina y laterolinear.

La locomoción más común parece ser la primera, o curvilinear, en la cual la serpiente avanza formando ondulaciones en su cuerpo y cada lazo formado aprovecha las irregularidades del suelo para apoyarse lateralmente, empujando el resto del

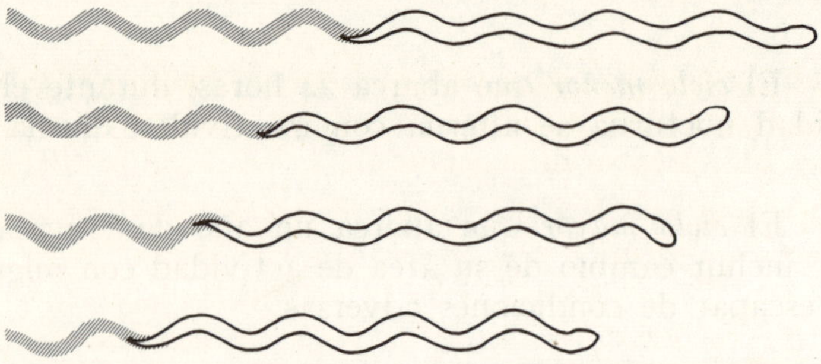

Fig. 3. Tipo de movimiento curvilinear de las serpientes

cuerpo hacia adelante (fig. 3). De esta manera se produce una huella curvilínea, y todas las partes del cuerpo pasan por la misma huella.

Cuando se deja a una culebra en un piso de granito perfectamente liso, la serpiente se esfuerza en huir, formando rápidamente ondulaciones laterales; pero como el piso es liso, no ofrece ningún punto de apoyo para los lazos laterales y la serpiente, a pesar del máximo esfuerzo, se queda casi en el mismo lugar. Este pequeño experimento nos indica dos cosas:

1.º Los lazos laterales apoyados en las irregularidades del substrato son los puntos más importantes para la locomoción de este tipo, y

2.º Las serpientes, al nadar en el agua, utilizan la misma locomoción curvilinear, ya que estar en un piso perfectamente pulido equivale a estar en el agua. Podemos concluir que las serpientes son probablemente los únicos vertebrados que, para caminar en la tierra o para nadar, utilizan la misma forma de locomoción.

La locomoción rectilinear es efectuada por las serpientes cuando no existe ninguna emergencia o tienen que penetrar en huecos o debajo de objetos mayores. El cuerpo se traslada en línea recta utilizando las ondulaciones de la región ventral, formada por las anchas y numerosas escamas ventrales. Este modo de locomoción se asemeja al de las larvas de mariposas, llamado también el movimiento «caterpilar». Las ondulaciones corren desde el cuello hacia la cola y empujan el cuerpo hacia adelante. Este tipo de traslación puede ser efectuado sobre las superficies más lisas, ya que la mera presión perpendicular de cada ondulación basta para mover el cuerpo hacia adelante. Como no requiere mayor esfuerzo, la utilizan frecuentemente las serpientes de mayores dimensiones.

El movimiento de concertina es una mezcla curiosa del movimiento rectilinear con formación de ondas laterales. Para efectuarlo, la serpiente apoya la cola y lanza el cuerpo hacia adelante, formando ondas en la parte anterior. Luego, efectúa un movimiento rectilinear con la cabeza y parte anterior, hasta que todo el cuerpo ha salido de las curvas y forma otra vez una línea casi recta.

La locomoción de concertina es utilizada acercándose al objeto desconocido o a la presa, cuando la cabeza debe permanecer en la misma línea para mejor observación, en tanto que las ondulaciones del cuerpo parecen no cambiar de lugar. Experimentos efectuados han mostrado que el movimiento de concertina es utilizado al atravesar tubos o canales, durante el cual los lazos laterales son aprovechados como apoyo sobre las paredes del canal.

Cuando una serpiente arbórea se traslada por las ramas, utiliza cualquiera de los tres primeros tipos de locomoción o la combinación de varios. Las serpientes no pueden subir paredes lisas, aunque nuestra *Tigra Sapa (Xenodon severus)* puede subir paredes o troncos de árboles que ofrecen muy poco apoyo, gracias a la capacidad de aplanar su cuerpo, que le permite aprovechar el menor apoyo para impulsarse hacia arriba. Este movimiento se asemeja a la locomoción concertina.

Numerosos científicos han estudiado el cuarto tipo de locomoción llamado en inglés «sidewinding», que no tiene equivalente en el castellano. Aquí hemos adoptado el término locomoción laterolinear, utilizado por J. M. SAVAGE en la *Enciclopedia de Ciencias y Tecnología (1960)*, aunque este término no expresa con precisión el tipo de movimiento. Hasta el presente no conocemos ninguna serpiente venezolana que utilice la locomoción laterolinear. Su uso está restringido entre algunas víboras ponzoñosas desérticas de Africa y también de Norteamérica.

Es casi imposible describir con precisión este tipo de movimiento, como tampoco la huella dejada por la víbora se parece en nada a una huella dejada por una serpiente en movimiento.

Las huellas en forma de líneas paralelas e interrumpidas, del largo aproximado de la víbora que los produce, se forman cuando el cuerpo va siendo trasladado medio levantado del suelo (normalmente muy caliente por las condiciones desérticas) y apoyándose sólo en dos puntos simultáneamente. La serpiente apoya primero la cabeza y luego levanta el resto del cuerpo en la dirección del movimiento; a medida que el cuerpo avanza, va apoyándose en la línea cuya punta ha sido establecida por la cabeza. Mientras tanto la parte posterior del cuerpo termina en la línea o huella posterior, el animal se traslada a la nueva huella, siendo una ya fijada por la cabeza. El cuerpo no se desliza sobre el suelo, que como es de arena pura no ofrece mucho apoyo. Una observación más cuidadosa, revela la impresión clara de las escamas ventrales en la huella dejada. Como resultado de este tipo de movimiento, se producen series de huellas transversales u oblicuas que no van en la dirección del movimiento general de la víbora, y que se encuentran separadas unas de otras.

La velocidad del movimiento es uno de los fenómenos que ha sido adornado con mucha exageración, y los científicos han tenido que recurrir a numerosos experimentos para comprobar la velocidad verdadera que pueden desarrollar las serpientes. Existen varias desventajas que no permiten a las serpientes «andar» con gran velocidad; sin embargo, el modo de vida semiescondido, más su habilidad para esconderse, no exigen a las serpientes grandes dotes de corredoras. La facilidad con que ellas se esconden es de mayor importancia. Tantas veces se nos han escapado serpientes recién capturadas, de las jaulas provisionales, que hemos pasado muchas horas buscándolas entre los pocos objetos que se encontraban dentro del laboratorio.

Las serpientes más veloces pertenecen a la familia *Colubridae*, (no venenosas), entre las cuales se destacan: *la Verdegallo (Chironius carinatus), y la Cazadora (Coluber mentovarius suborbitalis)*, cuya máxima velocidad no sobrepasa los 1,3 metros por segundo, o sea, unos cinco kilómetros por hora, lo cual equivale al paso rápido de un hombre. Quizá por un lapso de tiempo muy corto, alguna serpiente podrá desarrollar hasta 9 kilómetros por hora, pero eso sería el máximo. Cuando uno ve desaparecer una Verdegallo entre la maleza, tiene la impresión de que corrió a gran velocidad, pero la ilusión causada por el movimiento peculiar de la serpiente, más su habilidad de desaparecer entre las ramas verdes, tienden a aumentarla para la apreciación del observador.

Dos factores importantes limitan su velocidad y resistencia: la serpiente, para trasladarse, debe producir lazos laterales con respecto a la dirección general del movimiento, los cuales alargan la distancia por recorrer; en otras palabras, para caminar 10 metros entre dos puntos, ella habrá recorrido más de 10 metros, porque su camino no es una línea recta entre dos puntos. Ademas, la serpiente se cansa muy rápido, porque no puede transpirar ni equilibrar de otra manera el calor producido por el esfuerzo muscular en la locomoción.

Las grandes boas, como también las serpientes ponzoñosas, desarrollan velocidades no mayores de unos 70 centímetros por segundo, debido a que tienen otras armas (fuerza y ponzoña) para enfrentarse al peligro, sin necesidad de recurrir a la huida.

Su velocidad relativamente pequeña, nos la muestran las numerosas víctimas entre el reino ofídico que mueren aplastadas por las ruedas de los carros en las carreteras de Venezuela. Los autos que se trasladan durante la noche desarrollan velocidades altas y además los faros encandilan a las serpientes cuando se disponen a cruzar la carretera. Cuando se trata de una carretera asfaltada y lisa, las serpientes se desplazan todavía más lentamente debido al poco apoyo que les ofrece el pavimento. En estas condiciones, es difícil escapar de las mortíferas ruedas.

En una salida efectuada en la madrugada entre Caracas y la «Estación Biológica de Los Llanos», de la Sociedad Venezolana de Ciencias Naturales, situada cerca de Calabozo, Estado Guárico, o sea 300 kilómetros de distancia, encontramos cinco serpientes aplastadas sobre la carretera durante la noche anterior. Dos eran Mapanares, dos Tragavenados y una Corredora. Aunque el número es insuficiente para formular conclusiones estadísticas, esta experiencia nos sugiere que las víctimas son en su mayoría serpientes de lenta motilidad; tanto Mapanares como Tragavenados pertenecen a este grupo, mientras que una sola Corredora no logró esquivar las ruedas. El estudio de serpientes muertas en las vías, puede indicar también la abundancia relativa de ciertas especies en las regiones por donde pasan las carreteras.

Indudablemente, cientos de serpientes terminan su vida bajo las ruedas de automóviles: unas, gracias al deseo maléfico del conductor por aplastar una serpiente; otras, por ser simples víctimas inadvertidas. Estamos en total desacuerdo con la matanza premeditada e innecesaria de cualquier animal salvaje o doméstico, inclusive serpientes, atropelladas intencionalmente por los conductores. Eso indica falta de sentido común y (lo que es mucho peor) ignorancia de las leyes más fundamentales de la naturaleza, de la cual nosotros mismos formamos parte integral. Sin sentimentalismos, podemos afirmar que el respeto por la vida en cualquier forma, es uno de los más elementales principios que forman parte de la evolución y superación del hombre moderno. Subrayamos: matanza innecesaria y por diversión.

D) ¿COMO SE ALIMENTAN?

Imaginémonos otra vez con pies y manos firmemente amarrados al cuerpo y tendidos en el suelo. En esta situación, para comer podremos valernos solamente de la boca. Dejados en este estado en una selva, moriríamos prontamente sin haber podido comer y tomar agua. ¿Quién sería tan tonto como para meterse en nuestra boca y ser comido?

Para superar las desventajas de la pérdida de extremidades, para agarrar y sostener la presa, las serpientes han desarrollado toda una serie de adaptaciones que no sólo compensan estas desventajas, sino que, en muchos aspectos, superan las posibilidades de otros animales. Podemos afirmar sin exagerar que los hábitos de alimentación, combinados con sus adaptaciones morfológicas correspondientes, es lo más extraordinario en la existencia de las serpientes.

Ya vimos que las serpientes no son corredoras veloces, pero sí silenciosas, lo cual les permite acercarse a la presa sin hacer mayor ruido, aunque parece que, para cazar la presa, ellas utilizan varios métodos, entre los cuales se destaca el de esperar hasta que la presa llegue donde la serpiente.

Cuando uno sube las quebradas del Cerro Avila, cerca de Caracas, o en Rancho Grande, por cuyos fondos corre algún riachuelo, con un poco de suerte y mucha paciencia se puede observar *la Reinita (Leimadophis zweifeli)* o alguna Cazadora en plena actividad de alimentación. La culebra va desplazándose lentamente a lo largo del riachuelo y cuando llega a un embalse de agua, queda parada por largo tiempo para observar los alrededores. Al descubrir algún Sapito Montañero *(Prostherapis trinitatis)*, que son anfibios pequeños de un color pardo grisáceo arriba, con la parte inferior de la cabeza amarilla, la Reinita se pone tensa, y con movimientos lentos se acerca gradualmente al lugar donde vio moverse por última vez al Sapito Montañero. Los ojos de la serpiente no son órganos muy eficientes y como el color del Sapito se confunde con el del ambiente general, la Reinita lo puede descubrir sólo cuando éste está saltando o moviéndose. Si el Sapito tiene el nervio de no moverse cuando se acerca la serpiente, éste puede salvarse, aun cuando la serpiente tropiece o deslice su cuerpo por encima del Sapito sin poder descubrirlo. Al estar suficientemente cerca de su presa, la Reinita empieza muy suavemente a hacer un lazo con su cuello y la parte anterior del cuerpo, sin mover la cabeza ni los ojos del lugar donde se encuentra el sapito. Una vez formado el lazo, o sea al estar «armada», la Reinita lanza rápidamente su cabeza hacia el Sapito Montañero y lo agarra por cualquier parte. Si falla en agarrarlo y si el Sapito no ha saltado lejos del lugar original, la Reinita se arma de nuevo rápido y repite el intento de agarrarlo.

Si el Sapito logra escapar con varios saltos largos, la serpiente no lo persigue a grandes distancias, sino que queda otra vez inmóvil observando el lugar para descubrir de nuevo su presa y repetir el acercamiento y el ataque.

Otras veces, la Reinita se acomoda en posición de alerta y espera a que le pase cerca algún animal comestible. Todo el proceso de la caza está acompañado por el sacar de la lengua bifurcada y vibrarla por un corto tiempo en el aire, en la dirección aproximada del Sapito. La finalidad de la acción de vibrar la lengua es percibir los diferentes olores. Su función está desempeñada por la lengua en combinación con una estructura especial llamada *el órgano de Jacobson*, situado en la parte anterior del paladar y que registra los olores. La lengua misma está escondida en una especie de tubo en la base de la boca y puede ser extendida por una separación que queda entre los dos labios, aun cuando la boca esté cerrada. Sobra decir que la lengua no es instrumento para «picar», como cree mucha gente, pero su función no deja de ser peculiar: en vez de poder saborear los alimentos ella ayuda a percibir los olores. Las serpientes no tienen sentido del gusto.

Cuando la presa ha sido atrapada, la serpiente empieza el proceso más extraordinario de la alimentación: dominarla y tragarla entera. En el caso de la Reinita y el Sapo Montañero eso es relativamente sencillo: la presa es pequeña y no tiene ninguna defensa y en pocos segundos su fuerza se agota a medida que es gradualmente tragada.

En el caso de las serpientes más grandes, el proceso es más complicado, y de acuerdo con las posibilidades, las serpientes utilizan varios procedimientos:

1) Dominando la presa con mera fuerza superior.
2) Ayudando en la dominación con alguna parte de su cuerpo.
3) Estrangulándola y, por último,
4) Utilizando la ponzoña para inmovilizarla o matarla.

El primero de ellos ya lo vimos en el caso de la Reinita y el Sapito Montañero, donde la primera dominó al segundo por medio de la fuerza superior.

Cuando la presa y también la serpiente es mayor, como en el caso de una Cazadora y un ratón, una vez atrapada, la víctima siempre tratará de morder a la serpiente. Para evitarlo y para proteger su propia cabeza, la serpiente dispone un lazo de su propio cuerpo sobre su cabeza al mismo tiempo que aprisiona al ratón hasta que éste se agota en el esfuerzo de liberarse.

El cuadro más espectacular nos lo presentan las verdaderas constrictoras, las mayores de las cuales, como la Anaconda y la

Tragavenados, tienen que superar víctimas relativamente grandes y su propia vida puede estar en peligro. Cuando una boa grande se enfrenta con una presa tiende a morder, y sin soltarla, inmediatamente trata de lanzar uno o varios lazos alrededor del cuerpo de la víctima, empezando a estrangularla.

No es necesario, como suponen muchos, que su cola tenga un apoyo para poder estrangular, aunque tal soporte les podría ayudar en la tarea, sobre todo cuando se trata de una presa grande. Los varios lazos estranguladores tienen por finalidad impedir la respiración. La víctima trata de liberarse de la boa y en el esfuerzo acelera la respiración; pero tan pronto el aire esté expulsado, la boa aprieta más sus lazos y la presa no puede inhalar, quedando medio asfixiada hasta que por fin muere.

Es errónea la muy corriente suposición de que la Culebra de Agua es tan fuerte que estrangulando rompe y muele los huesos de su víctima. En numerosos libros, algunos de observadores bastante serios, se pueden leer frases relacionadas con la fuerza de la Culebra de Agua y Anaconda, por cierto muy exageradas...: «*los lazos mortales de la Anaconda gradualmente empezaron su trabajo destructor hasta que transformaron a su víctima en una masa de carne y huesos rotos*»... O también... «*al poco rato, después de haber agarrado la Anaconda a su presa, oímos el ruido seco al romperse los huesos del venado...*» En más de una ocasión hemos logrado comprobar que la presa estrangulada y extraída del estómago, en autopsia, de las Tragavenados y Culebras de Agua coleccionadas en diversas ocasiones, no han sufrido alteraciones mayores en su anatomía interna. Sus huesos estaban intactos, como también los órganos internos. Muy ocasionalmente se observa alguna hemorragia local.

El proceso de estrangulación ha sido observado numerosas veces en los Jardines Zoológicos de diferentes países. Las ratas, conejos, acures o cochinillos pequeños, son el alimento que corrientemente se ofrece a las grandes Boas Constrictoras. Cuando se introduce la presa en la jaula, la boa se arma y prepara el lazo con su cuello para poder atacar, y usualmente espera hasta que la presa pase cerca de su cabeza. La boa, siendo un animal torpe y lento en sus movimientos, desarrolla una velocidad excepcional para agarrar con la boca y hacer lazos alrededor del cuerpo de su presa. Una vez asegurada de que ésta no puede escapar, sin apresurarse agrega lazos adicionales, terminando con frecuencia por envolver todo el cuerpo de la víctima con sus lazos mortales. La presa, al principio, trata de escapar haciendo un esfuerzo desesperado, pero pronto su problema ya no es escapar, sino poder respirar, pues los lazos impiden cualquier movimiento del tórax del diafragma. En pocos minutos la boa ha terminado su estrangulación y se prepara a engullirla.

Además de las grandes boas, existen otras especies que son serpientes pequeñas, como *las colúbridas*, que estrangulan su presa, entre ellas varias Cazadoras.

Las serpientes verdaderamente ponzoñosas han desarrollado otro tipo de acción para agarrar su presa, utilizando la ventaja de su ponzoña. Aunque sobre la ponzoña hablaremos más adelante en el capítulo de los ofidios ponzoñosos, hay ciertos aspectos relacionados con la alimentación que tenemos que mencionar aquí.

Las Mapanares y Cascabeles típicamente se acomodan en una posición estratégica y esperan armadas cuando pasa algún animal. Con un movimiento rápido se lanzan hacia su presa y le hunden los colmillos en cualquier parte del cuerpo, inyectando el veneno; luego sueltan inmediatamente la presa y se arman de nuevo, observando la reacción del animal mordido. Este puede tratar de escapar, pero muy pronto el veneno surte efecto y empieza a dar vueltas incoherentes, apareciendo parálisis parcial o destrucción de órganos internos que terminan por matarlo.

La serpiente ponzoñosa espera un tiempo prudencial y luego, lentamente, va buscando su víctima que a veces logra alejarse varios metros del lugar del ataque.

Cuando la presa es relativamente grande o la mordida no ha tocado partes vitales, el animal mordido puede atacar a la serpiente y entonces ésta descarga otro mordisco para dominar a su presa.

En más de una ocasión, hemos observado en nuestros terrarios de la Escuela de Biología el fenómeno de que la Cascabel muerde sin utilizar los colmillos. En una ocasión concreta decidimos alimentar a una Cascabel muy grande que estaba aparentemente durmiendo en su jaula. Al abrir la puerta de la jaula el ratón hizo un esfuerzo por liberarse de la pinza, y para impedirlo tuvimos que tirarlo violentamente en la jaula, pero, con tan mala suerte, que se cayó sobre la Cascabel. La reacción inmediata de la serpiente fue tirar a morder, pero como el ratón estaba tan cerca, prácticamente sobre la serpiente, no tuvo tiempo ni de utilizar el lazo completo para extender su cuerpo ni abrir bien la boca. El resultado fue una herida superficial sin la huella de los dos puntos sangrantes característicos de la mordedura con colmillos. A pesar de la herida, el ratón huyó al otro lado de la jaula y después de 15 minutos todavía estaba vivo, a pesar de que los ratones mordidos por una Cascabel normalmente mueren en 2 a 5 minutos. La muerte más rápida la hemos comprobado en 17 segundos. La Cascabel de nuestra historia fue donada al doctor F. PIFANO, de la Cátedra de Patología Tropical, Universidad Central. Después de varios años la visitamos y encontramos que estaba muy fuerte y vigorosa. Aparte, existe un grupo de serpientes colúbridas con dentición opistoglifa, que utiliza su veneno para dominar a su víctima; y aunque el veneno es poco eficaz para animales grandes, basta para paralizar o aun matar animales pequeños. A este grupo de serpientes pertenece una especie que posee una característica extraordinaria: su alimento principal son las Mapanares y Guayacanes ponzoñosas.

Se trata de nuestra *Cazadora Negra (Clelia cloelia)* o *Tuquí*, como la llaman, según el doctor J. QUINTINI, en el Estado Trujillo. En Brasil esta misma serpiente recibe el nombre de *Musurana*.

Sus hábitos alimenticios han sido recibidos con beneplácito por la gente, de tal suerte que probablemente esta serpiente es casi la única que cuente con la simpatía humana. Desafortunadamente, la Tuquí es relativamente rara en general; en Venezuela la gente todavía no conoce bien sus costumbres benéficas y la matan junto con todas las demás serpientes.

Numerosos científicos han reportado cómo se lleva a cabo el encuentro entre la Tuquí y la Mapanare, y un encuentro típico se desarrolló como sigue:

En un terrario donde teníamos una Mapanare, soltamos una Tuquí. La Mapanare casi siempre estaba enrollada en algún rincón del terrario y no cambió su posición ni se mostró alarmada por la presencia de la nueva serpiente. Por el contrario, la Tuquí, al percibir la presencia de la Mapanare, se paró por momento, sacó la lengua repetidas veces y luego se dirigió, lenta pero decididamente, al lugar donde estaba la Mapanare, en tanto que esta última se armó. Cuando los dos animales estaban a distancia de poder morder, la acción se transformó en toda una serie de movimientos veloces, efectuados en fracciones de segundo: la Tuquí se lanzó contra la Mapanare y la agarró por la parte anterior del cuerpo. Al mismo instante la Mapanare descargó su mortal mordedura en la parte anterior del cuerpo de su enemiga y luego se produjo una acción violenta entre los dos cuerpos enlazados de las serpientes. En los primeros momentos no se podía saber lo que pasaba. Cuando disminuía la actividad se veía que la Tuquí, sin soltar a su víctima, lograba envolver la parte anterior de la Mapanare con varios lazos que estaban tensos por la fuerza aplicada para estrangularla. Sobre su propio cuerpo se veían dos pares de puntos con goticas de sangre, resultado de dos mordeduras que la Mapanare logró hacerle antes de ser envuelta en sus lazos. Pero parece que la ponzoña de la Mapanare surtió muy poco efecto sobre la Tuquí, en tanto que el veneno de la Tuquí rendía a su presa, que cada vez estaba más débil. Cuando toda señal de vida abandonó a la Mapanare, la victoriosa Tuquí procedió a comérsela.

Las serpientes son carnívoras y su alimento consta de otros animales vivos; podemos decir que su alimentación incluye toda una gama de animales, desde los invertebrados más pequeños hasta los mamíferos relativamente grandes.

Las especies más pequeñas o los ejemplares jóvenes se alimentan de insectos, o sus larvas. Las especies minadoras y subterráneas encuentran su presa debajo de la tierra, como lombrices de tierra, larbas de insectos, milpiés y otros más.

Las serpientes más grandes se especializan en sapos, ranas, lagartos, aves y mamíferos, entre los cuales, ratones y otros roedores, gozan de su preferencia.

El doctor O. Sexton, de la Universidad de St. Louis, quien

nos visitó por varios meses, estudió los hábitos de alimentación de la Mapanare en el *Parque Nacional de Henri Pittier*, en Rancho Grande, y encontró un interesante cambio en la alimentación durante el crecimiento de estos ofidios. Los ejemplares juveniles y subadultos viven en las quebradas que atraviesan la selva nublada. En los riachuelos abundan los sapitos y ranas pequeñas que constituyen el alimento principal de las jóvenes Mapanares. Su área de actividad, pues, está concentrada alrededor de los riachuelos. A medida que estas serpientes crecen, requieren mayor cantidad de alimentos; seguir cazando los sapitos les resulta un negocio poco productivo, ya que necesitan buen número de ellos para satisfacer el hambre.

Para encontrar presas mayores, las Mapanares, gradualmente, se alejan de los riachuelos y migran hacia las laderas de las quebradas, donde consiguen lagartos y también pequeños roedores, como ratones y ratas que terminan por constituir su alimento principal en el estado adulto. Al mismo tiempo, su área de caza queda establecida en la selva nublada que cubre las montañas de Rancho Grande.

Una de las dificultades de los Jardines Zoológicos para mantener varias especies de las Mapanares, es el hecho de que, frecuentemente, no aceptan comida en el cautiverio y prefieren morir de hambre. Los cuidadores de los reptiles tienen dos caminos por escoger: alimentarlos por la fuerza (procedimiento poco eficaz) o tratar de engañarlas para que coman.

El señor AGUSTÍN PÉREZ PIÑANGO, director del Jardín Zoológico de Maracaibo, inventó una forma de engaño muy interesante. Como la Guayacán no aceptaba comida en su propia jaula, el amigo PÉREZ PIÑANGO construyó una jaula con tres compartimentos, uno más grande que el otro. En el primero, más pequeño, se encuentra la Mapanare, y durante la noche se abre una pequeña abertura que conduce al segundo compartimento, más grande; allí se colocan piedras, un poco de plantas y ramas de árboles. La Mapanare, buscando salida de su jaula, encuentra la pequeña abertura por la cual llega al segundo compartimento y gracias a las ramas y piedras tiene la impresión de que ha escapado de su prisión. Este compartimento tiene otro hueco por el cual la Guayacán llega al tercero, todavía

Fig. 4. Una de las especies venezolanas más peculiares es la Caracolera, cuyo alimento principal está constituido por caracoles

más grande y adornado con plantas, piedras y ramas, y en un rincón espera un pequeño y suculento roedor. La impresión que tiene la Guayacán es que ha salido en libertad y el ratón es más que una tentación para el hambre aguantada por largo tiempo.

Otro engaño que se utiliza para alimentar a las serpientes, es ofrecerles agua para beber, en la cual está disuelto algún compuesto muy rico en aminoácidos, los que se utilizan para alimentar a los niños o a convalecientes. De esta manera la serpiente, tomando el agua, recibe una buena dosis de alimento concentrado, sin saberlo.

Un grupo de las especies del género *Dipsas* (Colúbridas) que incluyen algunas especies llamadas «Mapanares falsas», se ha especializado en alimentarse de caracoles. Para manejarlos, ellas han desarrollado dientes muy largos, pero delicados, con los que manejan los cuerpos blandos de sus presas. Peculiar también es el modo de atraparlos: esperan a que el caracol camine con parte de su cuerpo afuera de la concha para agarrarlo, y luego, lentamente, van halando hasta que el caracol agotado cede y sale de la concha. Otro género relacionado con el anterior *(Sibón)* (fig. 4) se alimentan principalmente de «*sietecueros*», (también un caracol, pero sin concha), que abunda en los jardines de Caracas.

Como una peculiaridad en relación con la alimentación, podemos mencionar a un género africano: *Dasypeltis*, cuya especialidad es alimentarse de huevos, para lo cual ha desarrollado en la parte anterior de su tracto digestivo una estructura especial para engullirlos y romperlos.

Durante una charla por televisión efectuada junto con el

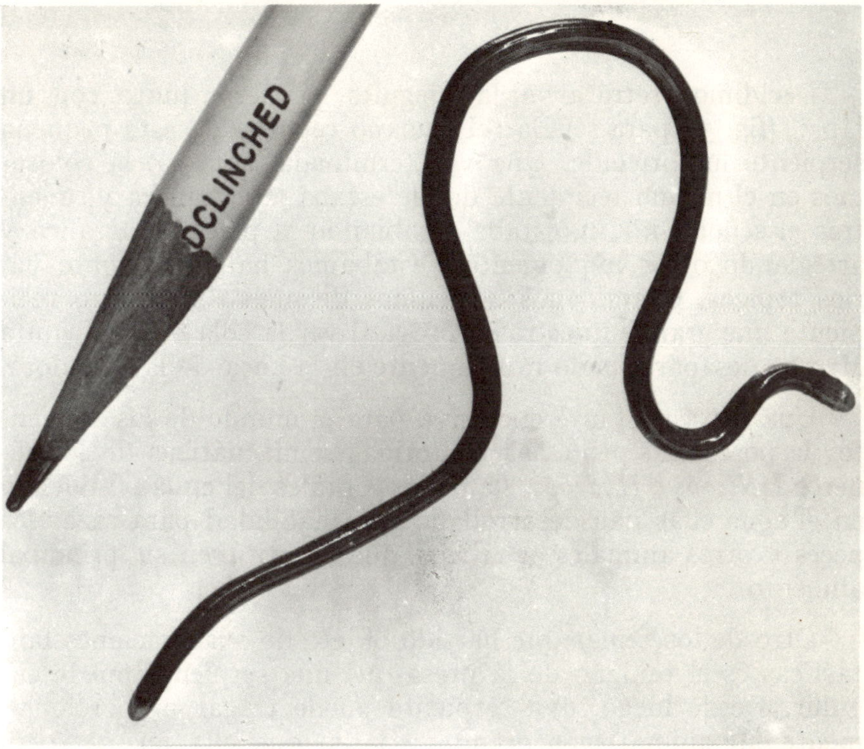

Fig. 5. La Cieguita Marrón al lado de un lápiz normal. No ponzoñosa

doctor C. P. TREBBAU, Director del Jardín Zoológico, al hablar sobre los ofidios nos hicieron la pregunta sobre si los mismos son caníbales, o sea, si se comen a sus hermanos. En realidad, igual que la Tuquí existen varias especies que son ofiófagas, cuyo alimento principal es a base de otros ofidios. A ellas pertenecen prácticamente todas las Corales ponzoñosas, como también varias especies de Corales falsas o no ponzoñosas, de la familia *Colubridae*. Muy ocasionalmente, las especies más viciosas entre las Cazadoras decidirán comer otra serpiente para satisfacer su apetito, aunque su dieta normal consta de pequeños mamíferos o lagartos. Parece que no hay especies que se dediquen a comer a sus hermanos verdaderos, es decir, individuos de su propia especie.

Al tomar fotos para el presente libro recibimos, con el señor E. BRÖCKL, una sorpresa poco agradable: teníamos que retratar dos especies: una Cazadora juvenil y una *Cieguita*.

Decidimos retratar a la Cieguita primero, junto con un lápiz, (fig. 5), para señalar el tamaño relativo de esta pequeña serpiente lumbricoide. Una vez terminada la tarea, la colocamos en el mismo recipiente donde estaba la Cazadora y, mientras el señor Bröckl estaba cambiando la placa fotográfica y arreglando otros implementos, estábamos hablando sobre varios tópicos. Cuando nos acercamos de nuevo a nuestro recipiente, fue grande nuestra sorpresa al ver la cola de la Cieguita Marrón desapareciendo rápidamente en la boca de la Cazadora.

Una dieta bastante exclusiva para el mundo de las serpientes la poseen las pequeñas colúbridas semiacuáticas de los géneros *Helicops* e *Hydrops*, llamadas «Corales del agua». Viviendo en el agua ellas han desarrollado gran habilidad para cazar los peces y otros animales acuáticos, que constituyen su principal alimento.

Otro de los temas que ha sido objeto de exageraciones fantásticas es el tamaño de la presa que una serpiente puede engullir. Desde luego, una serpiente puede tragar proporcionalmente un animal más grande y largo que ella misma, pero aun esta posibilidad tiene sus límites.

Más de una vez nos han contado un cuento con ciertas variaciones, pero con los mismos puntos básicos:

«Cuando el ganado va a tomar el agua en un morichal o río cercano, la Culebra de Agua espera dentro del agua, con la cola fijada en un tronco o raíz sumergida. Cuando el toro (por una razón casi obvia, en el cuento siempre aparece el toro y no la vaca ya que el primero, por ser más fuerte, confiere más dramatismo al cuento) se acerca al agua para tomar, la Culebra de Agua agarra la res por el hocico tapando la boca y las narices del animal, impidiendo la respiración. Sintiéndose atrapado, el toro hace esfuerzos desesperados por librarse de la serpiente y empieza a tirarla fuera del agua. Pero la cola, firmemente agarrada a la raíz sumergida, constituye un apoyo decisivo para la gigantesca serpiente, que tira de la res hacia el agua. El toro, sin aliento, pierde gradualmente la fuerza y va siendo arrastrado hacia las profundidades. Muerta la presa, la Anaconda procede a engullirla (!) y lo logra, después de un esfuerzo poco común. Pero cuando llega hasta la cabeza (aquí se presupone que la gran boa ha empezado el proceso de engullir desde las patas posteriores) los cachos, dirigidos perpendicularmente a la cabeza, no permiten tragarla. La serpiente, sin perder ánimo, se enrolla (!) y espera hasta que se pudra el cuello del toro para librarse de la cabeza con cachos».

El cuento termina en que un «amigo» o un «pariente» del relator encuentra en este estado a la gigantesca serpiente, y, por alegría de los oyentes, queda decapitada, pagando de esta manera por su crimen. El mismo cuento lo hemos oído con los personajes del drama de un venado y una Anaconda. El efecto es todavía más emocionante, ya que los cachos del venado tienen numerosas ramificaciones y confiere más nobleza a la cabeza del desafortunado animal engullido.

Como el lector ya se habrá dado cuenta, la narración es inverosímil debido a varios factores:

1. La culebra que pueda engullir un toro adulto debe tener un largo de no menos quince metros, para tener la boca y cabeza de dimensiones apropiadas. El tamaño mayor registrado hasta el presente por una Anaconda es algo más de 10 metros de longitud.

2. Una Anaconda nunca puede agarrar la trompa del buey de suerte que tapase las narices y boca herméticamente de una vez. Por sí misma, la serpiente no puede distender las maxilas y las mandíbulas; sólo cuando está tragando lo puede hacer.

3. Las serpientes casi nunca engullen su presa empezando por las patas posteriores, porque tendrían que empezar por las dos patas a la vez (hazaña imposible); de lo contrario la otra pata siempre quedaría como un cacho, impidiendo el proceso de engullir.

4. La putrefacción tardaría varias semanas y se efectuaría, no solamente en la cabeza, sino también en el cuello de la serpiente, a donde no llegan jugos gástricos ni enzimas digestivas. Mucho tardaría hasta que los músculos y, sobre todo, la columna vertebral se pudriese y desprendiese del tronco central. Se pueden esgrimir varios argumentos más en contra de la veracidad de este cuento, pero los cuatro ya bastan. Sin embar-

go, la narración puede tener una base real; por ejemplo, una observación donde una Anaconda ha atacado y engullido a un venado joven o una ternera. Todo lo demás sería adornos de la imaginación y fantasía.

Según los datos disponibles, la comida normal de las grandes estranguladoras venezolanas la constituyen *el chigüire, (Hydrochoerus hidrochoeris), lapa (Cuniculus paca) el conejo (Sylvilagus), comadreja (Tayra barbara)* u otros mamíferos de iguales dimensiones que se encuentran en Venezuela.

Es posible también que la Anaconda pueda luchar con alguna baba, caimán o jaguar; como lo mostraba una famosa película de W. DISNEY sobre el jaguar del Amazonas. En dicha película las vistas de la lucha del jaguar con la serpiente grande estaban compuestas, es decir, el felino empezó su lucha con una Anaconda y terminó con una Tragavenados grande. En otras palabras, la película mostró dos serpientes diferentes en una misma lucha.

Otra pregunta que nos ha sido formulada más de una vez por los aficionados a las serpientes, es: si las serpientes atacan y devoran al hombre. La única referencia venezolana que hemos oído sobre un ataque de la Anaconda a un ser humano, nos la contaron los indios en la Misión de San Francisco de Guayos, en el Delta Orinoco. Varios muchachos guaraos (todos muy ágiles nadadores) estaban jugando cerca de la orilla pantanosa de un caño y dejaron a un niño menor jugando, apartado y solo, cuando repentinamente escucharon gritos desesperados del muchacho. Al correr hacia el lugar de donde provenían los gritos, encontraron al pequeño hermanito luchando desesperadamente con una culebra grande, presumiblemente una Culebra de Agua. El ruido y los gritos producidos por los niños mayores espantó a la culebra, que soltó a su presa y desapareció en las aguas del Orinoco. El muchachito salió ileso, con un tremendo susto y algunas heridas menores.

Según parece, la Anaconda casi nunca ataca a los seres humanos y en Suramérica no existen datos auténticos sobre víctimas humanas devoradas por serpientes gigantescas. Parece que las primas africanas y asiáticas de nuestra Anaconda (las

Pitón), son algo más agresivas, aunque también allí los datos son muy contados. La dificultad que tiene una serpiente grande para devorar a un hombre adulto reside en el hecho de que sus hombros son muy anchos para poder engullirlo. Recordemos que las serpientes casi siempre empiezan a engullir su presa por la cabeza.

E) ¿COMO SE REPRODUCEN?

Como si no bastara todavía con las peculiaridades hasta ahora mencionadas, las serpientes muestran sus curiosos hábitos también en la reproducción. Su actividad de reproducción puede ser ovípara, ovovivípara y también vivípara.

Ovíparas son aquellas serpientes que ponen huevos (como la gran mayoría de los reptiles). Después de cierto tiempo de incubación, salen los juveniles. La mayoría de las colúbridas y nuestras Corales ponzoñosas pertenecen a este grupo.

En el caso de la ovoviviparidad, la serpiente, aunque produce huevos, los retiene dentro de su cuerpo hasta que se desarrollan los juveniles, que «nacen» o salen del huevo en el momento o poco después de la puesta. Las grandes boas constrictoras y también algunas víboras ponzoñosas, como nuestras Mapanares, pertenecen a este grupo.

El tercer tipo de reproducción, descubierto y estudiado sólo recientemente, es la viviparidad, que representa una divergencia considerable del plan general de la reproducción de los reptiles. Los estudios han mostrado que existe una efectiva conexión entre el embrión y la madre, por medio de una estructura similar a la placenta, o sea, que no se diferencia básicamente de la reproducción del reino humano. Sin embargo, es nuestro deber advertir aquí que no por esto tenemos derecho a designar a algunas representantes femeninas de la sociedad humana como «*víboras*». Al grupo de las serpientes que poseen las características de vivíparas pertenecen algunas especies de la familia *Elapidae*, Cobras y Mambas, del Viejo Mundo.

Existe además la posibilidad de que numerosas especies que en el pasado fueron consideradas como ovovivíparas sean, en realidad, vivíparas. Este problema abre un campo interesante de investigación para los herpetólogos y embriólogos suramericanos, cuya herpetofauna ha sido tan poco explotada.

En otros grupos de seres vivientes, la hembra se diferencia del macho por alguna característica peculiar: el gallo tiene cresta y comportamiento «gallesco»; el león difiere de su hembra por una bella melena, en tanto que en el reino humano, el hombre lleva pantalones y la mujer faldas, aunque no siempre. De todas maneras no es difícil distinguir entre los dos sexos en la zoología, y eso se denomina dimorfismo sexual. No sucede así en el gran clan de las serpientes, donde prácticamente no se distingue el uno del otro, o sea, no existe dimorfismo sexual acentuado. Un herpetólogo entrenado, a veces puede distinguirlos por la base de la cola, algo más abultada en los machos, pero no siempre y no en todas las especies.

El macho, que usualmente sale en busca de la hembra, se guía por varios tipos de señas entre las cuales juegan papel importante diferentes glándulas cuya secreción odorífera es percibida por los órganos del olfato (lengua, más el *«órgano de Jacobson»*), que suministran la información necesaria al animal sobre el vecino encontrado en el camino.

A veces más de un macho pide la mano de una hembra (expresión poco adecuada en el caso de las serpientes), pero el resultado es muy pacífico. Ocasionalmente, los machos se chocan con sus cuerpos, pasan uno sobre otro, y con esto se decide quién es el pretendiente victorioso. Varios científicos han observado combates más serios entre dos ejemplares, en los cuales uno trata de envolver al otro para demostrarle su superioridad. Inclusive, se producen movimientos violentos similares a los de un baile moderno, como el «Twist», aunque eso no parece estar relacionado con la actividad sexual, sino, probablemente, con la defensa del territorio establecido o algún otro fenómeno similar.

La pareja, antes de establecer contacto, efectúa primero algunos pasos de reconocimiento, en los cuales los olores emitidos por las glándulas anales y de la piel representan el lenguaje del entendimiento. Luego, sigue un cortejo durante el cual los dos ejemplares pasean uno frente al otro o paralelamente. También se presenta fricción de los dos cuerpos, o el macho fricciona su

Fig. 6. Los órganos sexuales masculinos de la Cascabel extendidos. La placa anal se encuentra a la derecha

cabeza contra la hembra. En la fecundación que sigue, el macho utiliza uno de sus dos órganos copuladores, llamados *hemipenes* (fig. 6,). Después de la separación cada uno sigue su camino. El macho puede proseguir la búsqueda de otras hembras, y en dos horas puede atender hasta tres hembras consecutivamente.

El período de la maduración de los huevos varía considerablemente de especie a especie. Según parece, además, las hembras tienen la extraordinaria capacidad de retardar la fecundación y el desarrollo de los huevos en su cuerpo, ajustándolos a las condiciones existentes. Como un ejemplo extremo, el herpetólogo norteamericano, doctor C. H. POPE, reportó un caso de una «Mapanare Falsa» *(Leptodeira)*, de Suramérica, que puso huevos cinco años después del último contacto posible qne haya tenido con un macho. En nuestro Museo de Biología teníamos una «Coral Falsa» (ver fig. 36) *(Oxyrhopus petola)* que nos obsequió con siete huevos después de cuatro meses de haber estado en cautiverio; la fecundación debió de haber sido efectuada antes de su captura. Usualmente, el proceso de maduración requiere desde varias semanas hasta varios meses.

Las ovíparas ponen sus huevos en un escondite cuidadosamente seleccionado o en una especie de nido, y luego los abandonan. En general, el período de incubación de huevos puestos por las serpientes ovíparas es muy variado y depende de la especie y, probablemente, de las condiciones climáticas. De tres meses a más de un año puede durar la incubación, durante la cual el embrión completa su desarrollo.

Datos interesantes sobre la incubación reportaron E. R. DUNN y A. DUGAND, de Colombia, quienes estudiaban la incubación de huevos puestos por una especie del género *Leimadophis*, que se encuentra también en Venezuela. Los 16 huevos, puestos el día 3 de octubre de 1943, fueron cuidadosamente observados y comprobado que estaban todavía vivos, para lo cual se rompió cada vez un huevo. El 3 de septiembre de 1944, o sea, después de exactamente 11 meses, salieron cuatro serpientes que medían entre 15 y 16 centímetros de largo.

La Cuaima Piña *(Lachesis muta)* en vez de abandonar a los huevos puestos, queda con ellos y protege su nido contra los enemigos, esperando hasta que salen los juveniles.

En Puerto de Hierro, cerca de Güiria, en el Estado Sucre, oímos un cuento sobre un conuquero que, regresando a casa, encontró una gran Cuaima Piña o Concha Piña, como la llaman también en el Oriente de la República. Con un machete el campesino la partió en dos, pero de repente vio numerosos juveniles de la misma especie saliendo de todas partes. Mientras nuestro conuquero se dedicaba a matar a los recién nacidos, la parte anterior de la Cuaima Piña madre lo mordió en el pie con consecuencias fatales. Los puertohierreños afirmaron que: *a)* la Cuaima cuidaba a sus recién nacidos y que *b)* partiendo una culebra en dos no se le mata. El cuento puede ser correcto aunque no las conclusiones. Primero, muy probablemente la

Cuaima Piña estaba cerca de su nido y a punto de abandonarlo, o casualmente cerca de otra nidada, cuando tropezó con el agricultor. Segundo, parece que el machetazo no cortó ningún órgano vital al animal, los cuales están concentrados en la parte anterior del cuerpo, lo cual permitió a la serpiente vivir varios minutos más. Aunque con la columna vertebral rota o partida la Cuaima no tiene control sobre su cuerpo, ella vio al conuquero cerca y en el dolor y la desesperación aprovechó su descuido para hundirle los colmillos en la pierna. Probablemente, la víbora hubiera mordido también cualquier otro ser que se le hubiese acercado o aun a un palo, porque los momentos de su vida ya estaban contados. La afirmación de la gente de que la Cuaima estaba cuidando sus juveniles carece de base.

El huevo mismo (fig. 7) está cubierto por varias envolturas o membranas, siendo la externa reforzada con depósitos de carbonato de calcio (CO_3Ca), aunque la consistencia de los mismos es más bien blanda y algo pegajosa por fuera.

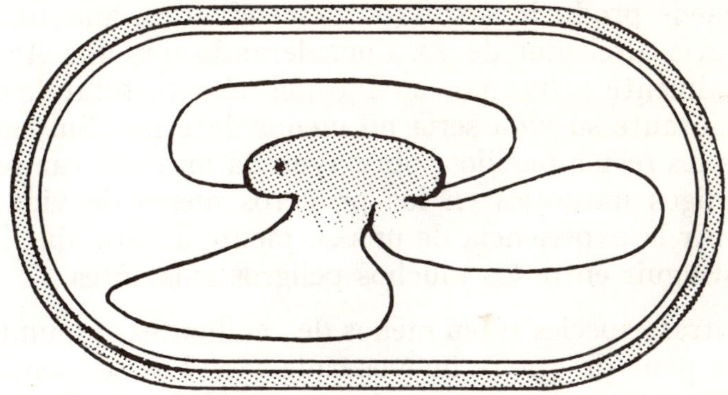

Fig. 7. Esquema de un huevo de serpiente con las diferentes membranas que protegen el embrión contra la disección e influencia externa adversa

En el interior se encuentran varias otras membranas más, que protegen al embrión y le ayudan a desarrollarse. Las membranas permiten la entrada del agua y el intercambio de gases en el aire, que son indispensables para su crecimiento. Otra función de las envolturas es proteger al huevo contra la desecación en la tierra. Hecho interesante en la historia biológica es que los reptiles fueron los primeros animales que adaptaron su reproducción para la vida sobre la tierra. Antes no existían animales terrestres, y aunque las aves y mamíferos hoy día son campeones para la vida fuera o lejos del agua, nosotros lo hemos pedido prestado a los reptiles. Este «descubrimiento» o «invento» por parte de los reptiles equivale a inventar una máquina para volar (para conquistar una nueva dimensión de existencia).

Para poder salir del huevo, los pichones tienen una estructura especial, «el diente del huevo», que les ayuda a romper el cascarón y salir fuera. Este diente es una estructura temporal y los juveniles lo pierden poco tiempo después. A pesar de que las vivíparas no tienen necesidad de tal diente, ya que no tienen envoltura de calcio que romper, lo tienen desarrollado de todas maneras. Esto nos indica claramente que la viviparidad entre las serpientes es una innovación posterior al huevo.

El número de huevos o descendientes varía también de especie a especie y con el tamaño de la serpiente. Nuestra Anaconda puede producir hasta 100 descendientes, aunque el promedio varía alrededor de 70. Considerando que una Anaconda está usualmente activa por 20 años, el número total de descendientes durante su vida sería no menor de 1.400. Sin embargo, no todos los recién nacidos sobreviven: la mayoría cae presa de sus enemigos naturales en los primeros meses de vida, antes de adquirir la experiencia de una serpiente adulta, que les permita distinguir entre los muchos peligros existentes.

Las otras especies traen menos descendientes al mundo. Una Cazadora pone de 7 a 15 huevos cada vez. Las serpientes *lumbricoides* a veces ponen uno, dos o tres huevos. De una serpiente lumbricoide, llamada la Viejita *(Leptotyphlops albifrons)*, recolectada cerca de Caripito, Estado Monagas, extraímos un huevo pequeño, pero muy alargado. Por sus raras dimensiones sería muy difícil identificarlo como huevo de una serpiente, de no haber sido extraído de una hembra; su diámetro apenas alcanzó cinco milímetros, en tanto que su largo unos tres centímetros.

En el momento de salir del huevo o nacer, el juvenil está perfectamente capacitado para cuidar de sí mismo. Las serpientes ponzoñosas tienen sus glándulas cargadas de veneno y las constrictoras pueden inmediatamente ensayar su fuerza sobre cualquier presa.

Cuando nace un bebé humano, lo primero que se hace es lavarlo y ponerle la nueva ropita; todo lo contrario ocurre con los juveniles de las serpientes, ya que una de sus primeras tareas es quitar su ropita en forma de una primera muda o cambio de piel, después de lo cual se dedican a reconocer el mundo.

¿COMO SE CLASIFICAN?

Existe una costumbre vieja entre las grandes y antiguas familias, y es la de reunirse una vez al año para conocer los diferentes nietos, biznietos, abuelos y bisabuelos. Cada nuevo niño que nace es bautizado con un nombre para que no se confunda con los otros niños de la gran familia.

Esta costumbre ha sido considerada muy útil por los científicos, que han convenido en dar un nombre específico para cada especie de serpientes que existen en la naturaleza y participarlos en publicaciones científicas y Congresos a todos los demás colegas. Este proceso del bautizo sigue todavía, ya que todos los años se descubren nuevas especies, sobre todo en regiones como Suramérica, Asia y otras menos exploradas. Así surge la clasificación de las serpientes.

En realidad, existe toda una serie de reglas estrictas que reglamentan el bautizo de una nueva especie. Entre otras, se debe dar un nombre latino o griego, o por lo menos latinizado. Una vez dado el nombre a una especie, los científicos en todo el mundo la reconocen. Las ventajas de este procedimiento son muy obvias: en el idioma corriente cada pueblo utiliza su propia voz para designar alguna serpiente. Por ejemplo, en castellano decimos «cascabel», en inglés la llaman «rattle snake», en alemán «klapperschlange», en letón «klaburchuska» y en búlgaro «garmyachta zmiya»; y si siguiéramos, terminaríamos por confundir a los filólogos más expertos, sin hablar de los pobres herpetólogos que deberían saber qué nombre recibe la Cascabel en todos los idiomas.

En la ciencia, la Cascabel venezolana más común recibe el

nombre de *Crotalus durissus terrificus*, y el biológo venezolano, como el inglés, alemán, letón o búlgaro sabrá enseguida de qué serpiente se trata, debido a que estos nombres científicos son internacionales y no hay orgullo nacional que valga. Es algo similar a las notas musicales: los músicos de todo el mundo saben tocarlas, sean turcos, rusos, tártaros o canadienses.

Naturalmente, la clasificación de los animales es mucho más complicada que un simple bautizo de un recién nacido; tenemos que indicar también el parentesco de cada serpiente. Como vimos en un capítulo anterior, las serpientes pertenecen al grupo de los reptiles, representando una división o suborden del grupo de animales escamados. Este suborden, a su vez, se divide en varias familias, siete de las cuales están representadas en Venezuela. Cada familia puede contener uno o numerosos géneros y los últimos están constituidos por especies.

Para descifrar esta telaraña complicada, vamos a ver la clasificación de la Cascabel venezolana corriente. Ella pertenece a la:

Clase REPTILIA (los reptiles)

Orden SQUAMATA (los escamados)

Suborden SERPENTES (las serpientes)

Familia VIPERIDAE (las víboras ponzoñosas)

Género CROTALUS (las cascabeles)

Especie DURISSUS (el más cruel)

Subespecie TERRIFICUS (el terrífico)

Cuando se menciona a la Cascabel, no se repite toda esa clasificación, sino los últimos dos (o tres) nombres. Cuando una especie en la naturaleza muestra diferencias menores en las diferentes regiones que ocupa su distribución, se dice que la especie se divide en razas geográficas o subespecies. Por tanto, el nombre completo de nuestra Cascabel es *Crotalus durissus terrificus*, indicando que la especie *Crotalus durissus* se divide en varias subespecies, una de las cuales *(terrificus)* se encuentra en Venezuela. De la misma especie, otra subespecie diferente ocurre en la Isla Aruba, de las Antillas Holandesas, y su nombre es *Crotalus durissus unicolor*, lo cual indica que la Cascabel de Aruba es muy similar a la nuestra, pero, por ciertas diferencias menores, constituye una raza geográfica diferente de la de tierra firme.

Otras especies no tienen razas geográficas y su nombre está constituido por sólo dos palabras, como la Lora, *(Oxybelis fulgidus)*, o sea, igual que el nombre y apellido de un ser humano. Existe cierta similitud entre la clasificación de los animales en sus categorías superiores y los seres humanos. Decimos, por ejemplo, que el nombre de un amigo nuestro es Santiago Pérez; él es caraqueño, luego venezolano, y como tal pertenece al grupo de los suramericanos; y así sucesivamente lo estamos ubicando en categorías más y más amplias que indican su relación con otros hombres.

Los científicos que se dedican al estudio de la clasificación, han utilizado todas las posibles características, tanto morfológicas como las costumbres de vida, calidad del veneno, distribución geográfica y numerosas más, para lograr una sistematización precisa de las serpientes. Como resultado de su esfuerzo tenemos una clasificación científica sobre la cual hablaremos un poco aquí para el beneficio de aquellos que desean probar su mano en clasificar las serpientes que encuentran en su casa o en el campo. A los que no les interesa la clasificación e identificación, pueden perfectamente omitir los párrafos que siguen sin perder el hilo del libro.

Para la diferenciación de las siete familias que se encuentran en Venezuela ofrecemos una clave simplificada, en la cual se utilizan solamente las características fáciles de observar. Las claves en general son uno de los instrumentos más útiles para identificar los diferentes animales y los sistemáticos las elaboran para todos los grupos de seres vivos: animales o plantas.

A) CLAVE PARA DIFERENCIAR LAS SIETE FAMILIAS DE SERPIENTES DE VENEZUELA

1.—Las escamas ventrales no se distinguen de las dorsales; la cabeza y la cola tienen el mismo tamaño y forma. . 2

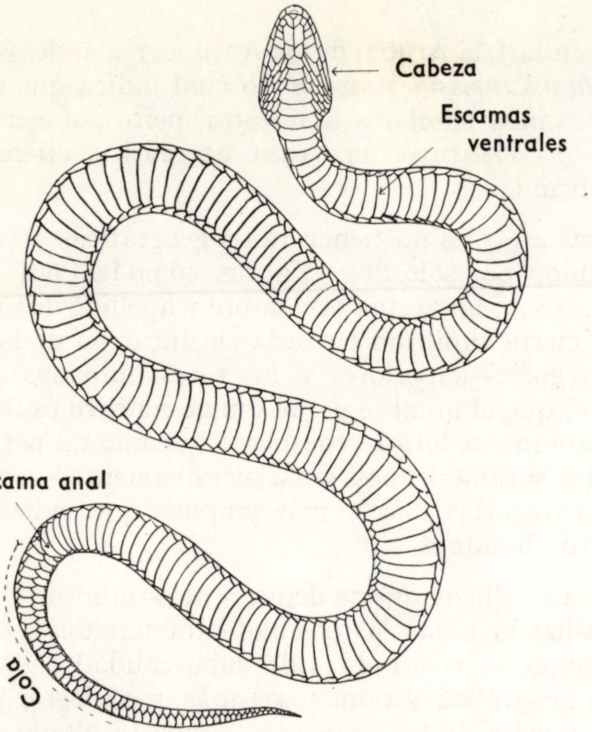

Fig. 8. Aspecto ventral de una serpiente mostrando las escamas ventrales grandes; cada escama corresponde a una vértebra

—Las escamas ventrales son más anchas que las dorsales; la cabeza más grande que la punta de la cola (fig. 8). 3

2.—Catorce hileras de escamas alrededor del cuerpo; serpientes lumbricoides . . . .

familia LEPTOTYPHLOPIDAE

—Más de catorce hileras alrededor del cuerpo; serpientes lumbricoides . . . .

familia TYPHLOPIDAE

3.—El ojo se encuentra dentro de una escama pentagonal; las escamas ventrales unas dos veces más anchas que las dorsales; Corales Falsas . . . .

familia ANILIIDAE

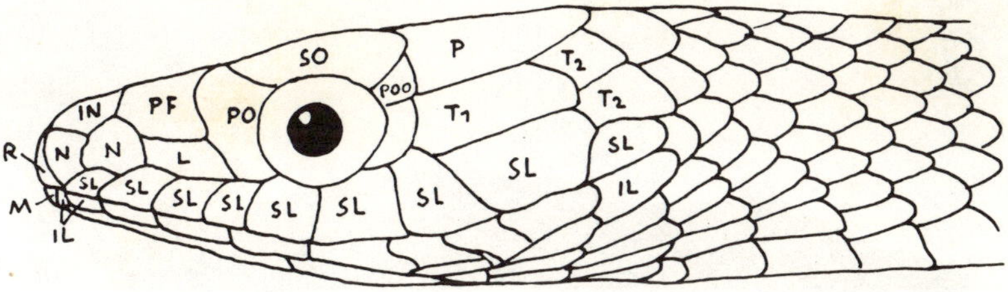

R. Rostral
N. Nasal
PF. Prefrontal
F. Frontal
SO. Supraocular
P. Parietal
IN. Internasal
SL. Supralabial
IL. Infralabial
L. Loreal
PO. Preocular
POO. Postocular
T. Temporal
M. Mental

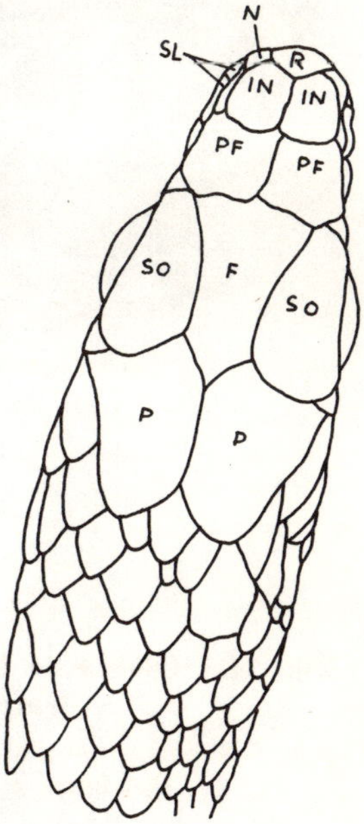

Figs. 9. - 10. Escamación cefálica de una serpiente no ponzoñosa, con ojo grande y pupila redonda

—El ojo no se encuentra dentro de una escama pentagonal (fig. 9); las escamas ventrales más de dos veces más anchas que las dorsales. 4

4.—Las escamas supracefálicas pocas y grandes, 8 ó 10 (fig. 10) 5

—Las escamas supracefálicas numerosas, algunas muy grandes, muchas pequeñas, siempre mucho más de 11. 6

5.—Colmillos cortos presentes en la parte anterior de la maxila superior, sin otros dientes; la escama loreal falta; coloración de anillos rojos, negros y blancos, Corales ponzoñosas . . . .

familia ELAPIDAE

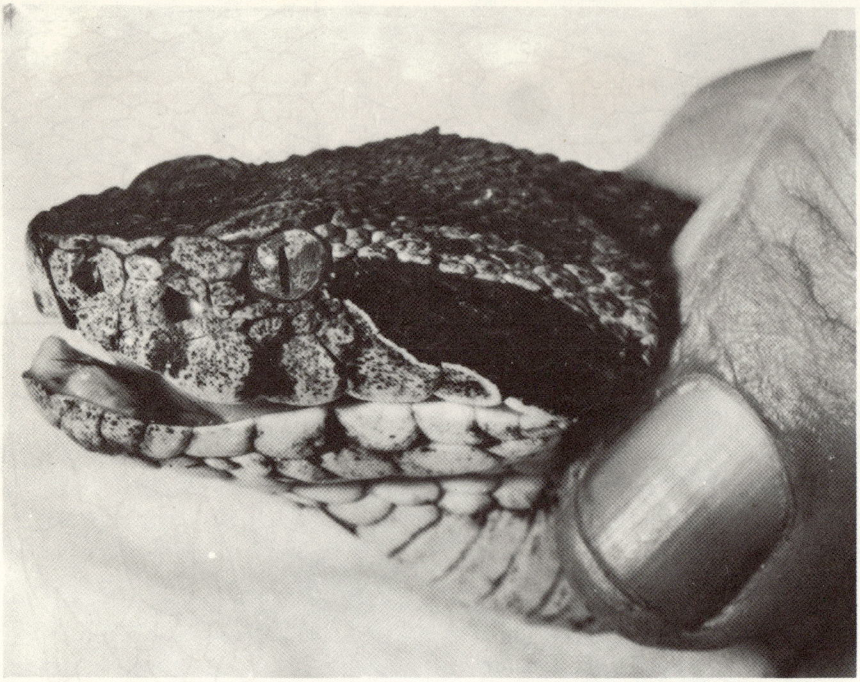

Fig. 11. Cabeza de Tigra Mariposa mostrando la fosita termoreceptora entre la fosa nasal verdadera y el ojo

—Sin colmillos cortos en la parte anterior de la maxila; pero numerosos otros dientes; la escama loreal presente o ausente (fig. 11); coloración muy variada, algunas con anillos rojos y negros; serpientes no venenosas. . . . .

familia COLUBRIDAE

6.—Las escamas dorsales carenadas o aquilladas; un par de colmillos grandes cubiertos por un pliegue presentes en la parte anterior de la maxila superior; víboras ponzoñosas . . . .

familia VIPERIDAE

7.—Las escamas dorsales lisas; dientes grandes y numerosos, presentes en general en la maxila y mandíbula; grandes constrictoras . . . .

familia BOIDAE

Unas pocas indicaciones nos ayudarán a manejar esta clave, basada en el principio de tesis-antítesis. Al tener un ejemplar, se principia siempre por la tesis «1». Por ejemplo, si en nuestro ejemplar las escamas ventrales no se distinguen de las dorsales, como lo indica la tesis «1», tenemos que seguir donde nos manda esta tesis, o sea, a la tesis «2». Empero, si las escamas ventrales son más anchas que las dorsales, tenemos que seguir donde nos manda la antítesis del «1», que es a la tesis «3». De esta manera se sigue por la clave hasta llegar al nombre de la familia del ejemplar que estamos estudiando.

En la presente clave hemos utilizado principalmente la escama externa de las serpientes. Las escamas ventrales son usualmente más grandes que las dorsales y de este hecho se puede distinguir la parte ventral de la dorsal. De no ser así, todo el escamado, tanto ventral como dorsal, es uniforme, como en las serpientes lumbricoides.

En varias especies, en su mayoría ponzoñosas, aunque no siempre así, las escamas dorsales son aquilladas; entonces existe como una carena que corre por el centro de cada escama, siempre paralela a lo largo del cuerpo.

El ojo de las serpientes está usualmente bien visible, con varias escamas grandes y pequeñas a su alrededor. En el caso de los *Aniliidae*, el ojo se encuentra en el centro de una escama pentagonal. En las serpientes lumbricoides el ojo se encuentra hundido en la cabeza y cubierto por escamas y son a veces indistinguibles.

Las escamas que cubren la parte superior de la cabeza se llaman supracefálicas y cada una recibe un nombre particular. En los vipéridos y boidos, aunque existen unas pocas escamas más grandes en la parte anterior de la cabeza, todo el resto está cubierto por escamitas pequeñas, casi como gránulos.

Por último, se habla del largo total de la serpiente; éste incluye el largo del cuerpo, más la cola. Si se observa la parte ventral de una serpiente, se descubre en la parte posterior del cuerpo una placa o escama más grande que las demás, la cual es la escama anal que marca el principio de la cola.

Las *Typhlopidae* y *Leptotylopidae* son serpientes de aspecto lumbricoide; todas las *Boidae* son grandes y potentes constrictoras. De las *Aniliidae*, en Venezuela se encuentra una sola especie, *Anilius scytale*. Las *Colubridae* son las serpientes más numerosas, y constituyen un grupo muy heterogéneo. Las últimas dos familias comprenden los ofidios verdaderamente ponzoñosos y peligrosos para el hombre: son los *Elapidae*, que representan las Corales ponzoñosas, y los *Viperidae*, incluyendo todas las víboras altamente ponzoñosas, como Mapanares, Cascabeles y otras. Por tanto, con nuestra clave podemos, entre otros, distinguir las serpientes venenosas de las no venenosas de una manera precisa y científica.

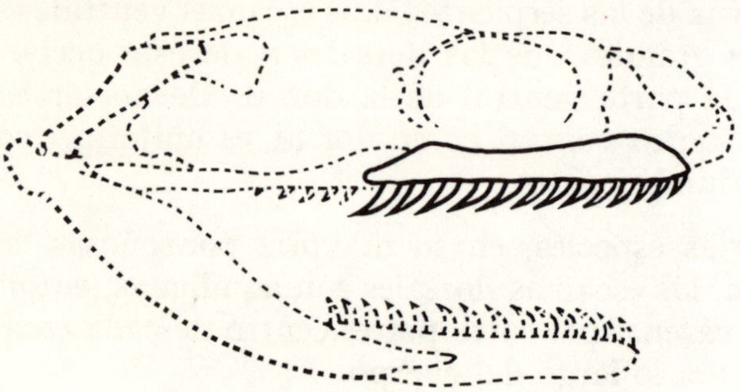

Fig. 12. Dentición maxilar sin dientes de ponzoña. *Tipo aglifa*

Antes se trataba de elaborar la clasificación de las serpientes basándose en el tipo de su dentición, la cual, aunque muy útil para ciertos fines de estudio, no da una relación completa entre los grupos en cuestión. Sin embargo, como en numerosos libros

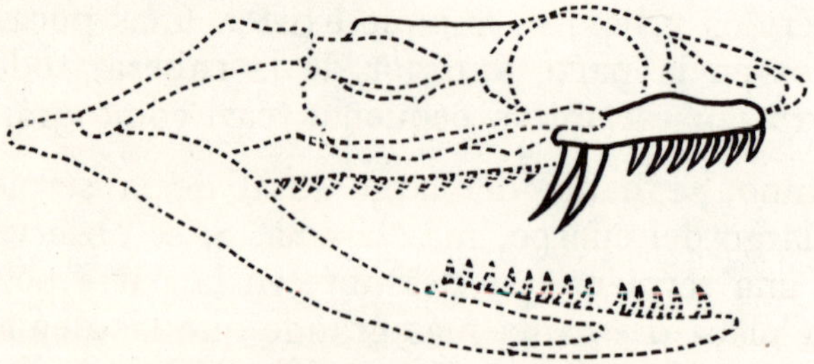

Fig. 13. Maxila con dientes posteriores acanalados en las serpientes ligeramente ponzoñosas. *Tipo opistoglifa*

todavía aparecen referencias a esta clasificación, la resumiremos aquí, en relación a nuestra clasificación.

A) *aglifa.*—(Fig. 12) Todos los dientes sólidos, pero ninguno surcado ni acanalado. A este grupo pertenecen todas las especies no ponzoñosas, inclusive una parte de la familia *Colubridae.*

B) *opistoglifa.*—(Fig. 13) Un par de dientes más grandes y surcados presentes en la parte posterior de la maxila superior para la conducción del veneno. Se trata de especies ligeramente

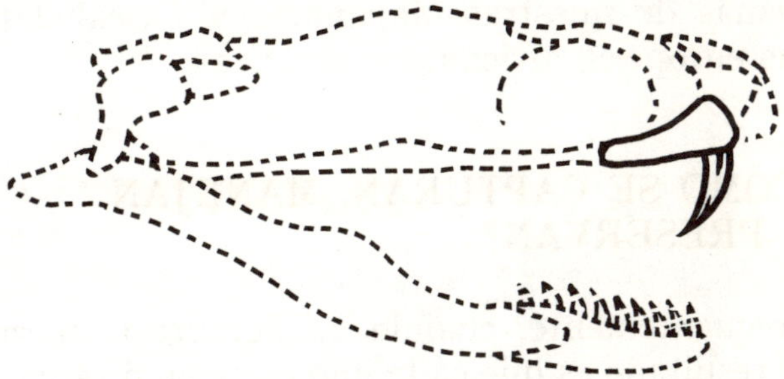

Fig. 14. Colmillos de la Cascabel. *Tipo proteroglifa*

ponzoñosas de la familia *Colubridae,* las cuales, sin embargo, no pueden causar daño alguno a los seres humanos.

C) *proteroglifa.*—(Fig. 14) Un par de colmillos grandes, con

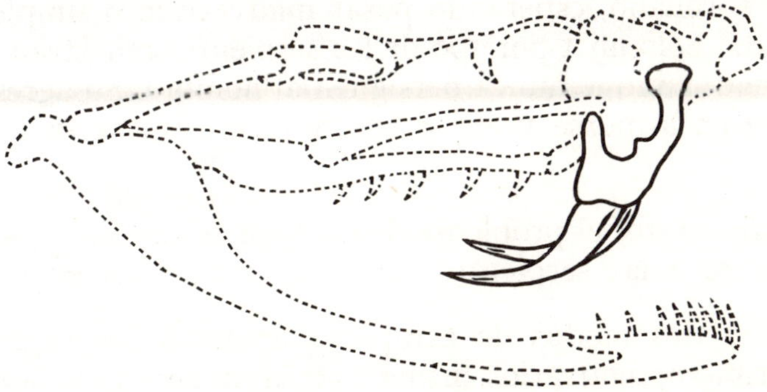

Fig. 15. Maxila con sólo un colmillo fijo y profundamente surcado de las corales ponzoñosas ***Tipo solenoglifa.***

surcos profundos en la parte anterior de la maxila superior; son siempre fijos y perpendiculares a la maxila. En numerosas especies el surco es tan profundo que se ha cerrado en la superficie, dando origen a un canal interno, abierto en la punta del colmillo. A este grupo pertenecen nuestras Corales ponzoñosas, como también las Cobras y Mambas; en general toda la familia *Elapidae*.

D) *solenoglifa.*—(Fig. 15) Un par de colmillos muy largos atravesados por un canal para la conducción del veneno. Los colmillos son plegables a la parte superior de la boca. Todas las especies de la familia *Viperidae* poseen la dentición solenoglifa, o sea, además de nuestras Mapanares y Cascabeles, también las Víboras europeas, africanas y asiáticas.

B) ¿COMO SE CAPTURAN, MANEJAN Y PRESERVAN?

Muy frecuentemente, cuando un hombre tropieza con una culebra, el resultado es que cada uno corre en dirección opuesta, convencidos los dos de que el otro le está persiguiendo. La realidad es muy diferente para los científicos que salen en búsqueda de serpientes con la finalidad de enriquecer las colecciones científicas. Unas cuantas giras nos convencen sobre la poca agresividad de las serpientes y no sería exagerado afirmar que un 80 por 100 de estos reptiles huyen en el momento de aparecer el hombre, en tanto que un 19 por 100 queda en su posición enrollado, esperando pasar inadvertido o simplemente durmiendo. Sólo un 1 por 100 de las serpientes muestran alguna agresividad, aunque nunca persiguen al hombre. Su agresividad se reduce en armarse y acaso trasladarse a una posición diferente.

Debido a esto, el problema de captura se reduce a perseguir activamente a las serpientes, tarea no muy fácil en la selva.

Existen dos modos de atrapar y manejar los reptiles sin patas: primero, agarrarlos firmemente detrás de la cabeza para que el reptil no pueda voltearla y morder, o, segundo, agarrarlo por la cola y levantarlo al mismo instante en el aire. La musculatura de la serpiente no está adaptada para levantar la cabeza hasta la punta de la cola, sin apoyo adicional.

Ayudándose con un palo; se la puede colocar en un recipiente o en un saquito de tela. Todo buen herpetólogo, cuando sale a colectar, siempre lleva consigo uno o varios saquitos de tela. Una serpiente colocada en un saquito puede ser transpor-

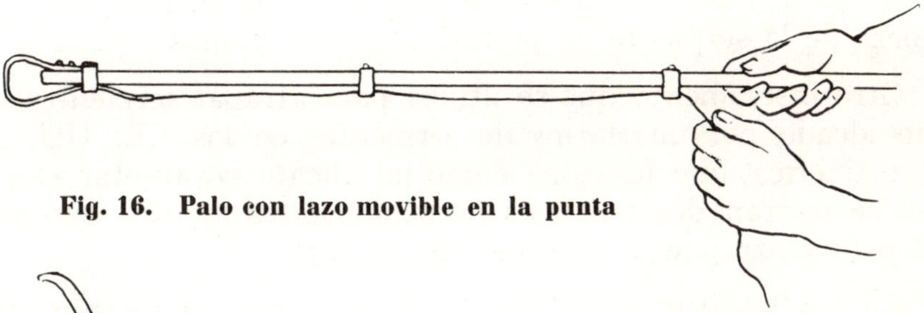

Fig. 16. Palo con lazo movible en la punta

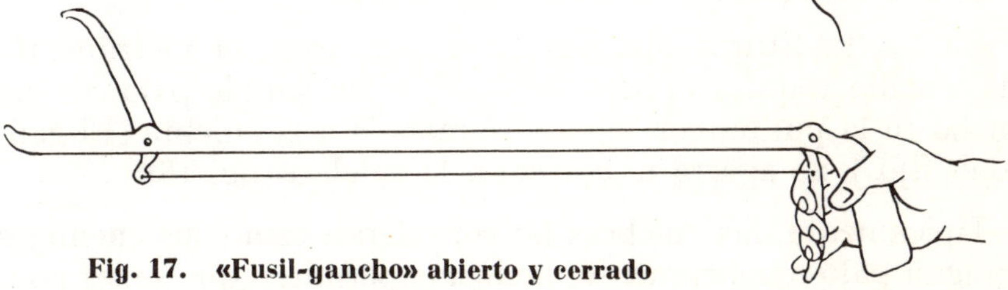

Fig. 17. «Fusil-gancho» abierto y cerrado

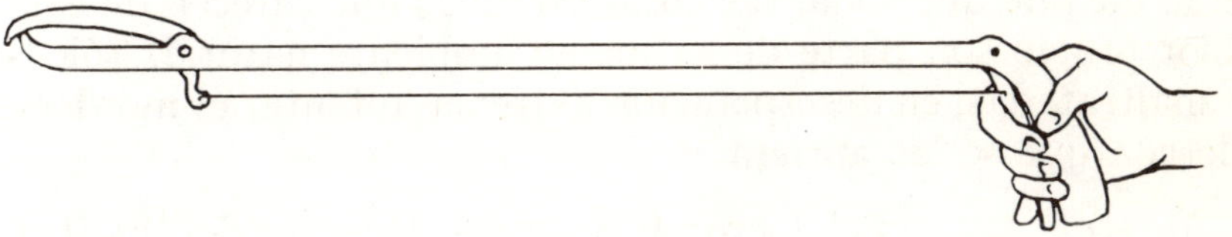

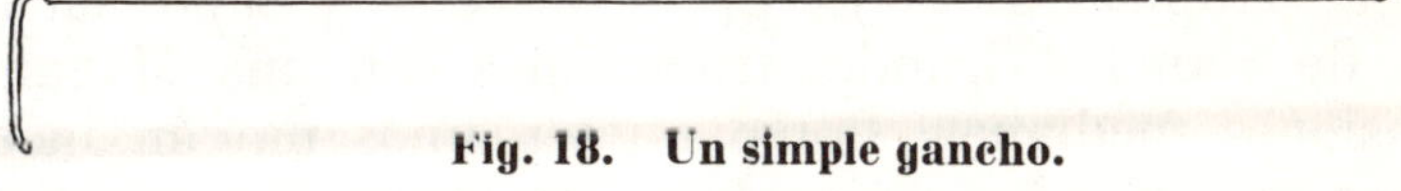

Fig. 18. Un simple gancho.

tada aun en el bolsillo, ya que las serpientes no muerden cuando no perciben al enemigo. El saquito no ocupa mucho espacio, no se rompe como los recipientes de vidrio y permite la circulación del aire.

Los herpetólogos y coleccionistas han inventado varios tipos de instrumentos para agarrar y sostener las serpientes. El más usado, y también menos violento, es un palo en cuya punta está un lazo, usualmente de cuero (fig. 16). El lazo está formado por una correa, un extremo de la cual está fijado cerca de la punta del palo, y la correa forma el lazo gracias a un dispositivo que permite a la correa deslizarse libremente paralela al palo. El otro extremo de la correa llega hasta la otra punta del palo, sostenida por la persona que la maneja. Tirando el extremo libre de la correa, el lazo se aprieta contra la punta opuesta del palo. Lo único que hace falta es echar el lazo sobre la cabeza de la serpiente y apretarlo, y la habremos atrapado.

Otro instrumento que se utiliza para atrapar serpientes ha sido ideado por un «farm» de serpientes en los EE. UU. de Norteamérica, que funciona como un alicate: al apretar el gatillo se cierran dos palancas perpendiculares al otro extremo del palo y atrapan a la serpiente (fig. 17).

En los Institutos que poseen serpentarios, el instrumento más sencillo y quizá el más elegante, es un simple palo con un gancho en la punta, con el cual se maneja a la culebra. El gancho es fijo y no agarra ni aprieta a la culebra (fig. 18).

Típicamente, las culebras no consideran como sus enemigos a ningún palo o instrumento; inclusive permiten que se les ponga un lazo suelto sobre el cuello sin ofrecer mayor resistencia, con la idea de que todas las cosas no vivas que carecen de calor y olor propio son parte de su medio ambiente natural. Sólo al ser maltratadas, en desesperación extrema, intentarán morder el palo con que se las aprieta.

Al recolectar con el doctor J. Racenis, Director del Instituto de Zoología Tropical de la U. C. V., insectos y sapos en una quebrada de Rancho Grande, tropezamos con una Mapanare de dimensiones medianas. Como no teníamos ningún instrumento para capturar la serpiente, la apretamos al suelo con el mango de la malla de mariposas, pero entre las piedras la víbora no quedó bien apretada y empezó a huir. En la excitación de perder el ejemplar la tratamos de fijar con doble esfuerzo para luego agarrarla por detrás de la cabeza con la mano. Sintiendo el dolor y viendo nuestros movimientos excitados, la Mapanare trató varias veces de hundir sus colmillos en el extremo del mango de la malla que la estaba apretando. Probablemente el olor de las manos humanas que manejaban la malla un poco antes, fue suficiente para considerar al palo como un enemigo directo, más el dolor producido por nuestro violento esfuerzo de no permitir que el animal huyese, la hizo morderlo.

Cuando la finalidad de la recolección es poseer serpientes muertas, el peor método de lograrlo es caerle a machetazos o con un palo grueso para moler todo el interior de la serpiente. La cabeza es el centro más delicado de las serpientes, así que uno o varios golpes normales bastan para expulsar la vida de su cuerpo, aunque la serpiente sigue dando vueltas incoherentes por varios minutos más. Otra manera de inutilizarla es rompiendo la columna vertebral con un golpe en la parte anterior del cuerpo, con el cual la serpiente pierde dominio de su cuerpo y muere al poco rato. Claro está, que si en puro nerviosismo la rompemos la cola aun con el golpe más poderoso que seamos capaces de producir, la culebra dejará la extremidad partida en las manos de su temerario agresor y desaparecerá en la maleza.

Los que saben distinguir las serpientes no venenosas de las venenosas pueden perfectamente agarrar las primeras con la mano, arriesgándose en caso peor a recibir un mordisco que, desinfectado, no ofrece peligro. Pero la prudencia es la madre de todo éxito en el trato con las serpientes desconocidas, y más de un accidente se ha producido no observando esta sencilla regla.

Para conservar los ejemplares en el Museo, lo más útil resulta lo siguiente: Se coloca el ejemplar recientemente recolectado por dos o tres días en un frasco con formol al 10 por 100, y luego se guarda en alcohol al 70 por 100. No existe ninguna solución que pueda preservar los vivos colores.

C) MUSEOS Y ESTUDIO

Cada ejemplar que llega a las manos de los eruditos en la ciencia de los anfibios y reptiles (herpetólogos) es cuidadosamente examinado, asignado su nombre y depositado en los diferentes museos donde otros científicos, cuando lo desean, pueden reexaminarlo más tarde. La finalidad de un museo moderno es doble: *a)*, acumular material de ejemplares para estudios científicos dinámicos y continuos, y *b)*, montar exhibiciones educacionales. Hace mucho que el museo ha dejado de ser un mero depósito de objetos de historia natural.

Pocos de los visitantes de los grandes museos saben que la exhibición comprende la menor parte de un museo, aunque no necesariamente en términos de espacio. La mayoría de su material científico está preservado «prosaicamente» en frascos con alcohol y formol y guardado en armarios y estantes oscurecidos, fuera de la vista de los visitantes. En la oscuridad para que la luz no dañe a los ejemplares. En nuestra juventud recordamos haber visto en la escuela animales como lagartos y serpientes preservados en frascos con algún líquido, pero descoloridos, duros y feos. Eso se debe, precisamente, a que en las escuelas los guardan en estantes abiertos donde la luz solar puede llegar. La luz en general es un agente decolorante. Nuestras madres solían exponer al sol las telas para que se blanqueasen.

Alrededor de los museos de hoy día se ha reunido un personal científico que se dedica al estudio de la flora y fauna de un país. Los conservadores de los museos ya no son simples hombres que reciben paga por cuidar y recoleccionar los ejemplares, sino más bien biólogos profesionales, especializados en sistemática de algún grupo de animales.

El expedicionario-aventurero que en el pasado montaba expediciones para divertirse, cazar lo más posible animales grandes y de paso buscaba descubrir algún brillante grande, tesoro desconocido de los indígenas o esperaba algún «golpe de suerte», está hoy día sustituido por el cuidadoso científico, bien entrenado para su tarea, cuya finalidad no es posar en fotos con 17 tigres matados en una noche. Ellos efectúan expediciones a regiones poco conocidas, coleccionan muestras científicas y estudian en los laboratorios los ejemplares coleccionados y elaboran informes científicos para dar a conocer las novedades a todo el mundo. Gran parte de esta actividad está efectuada por el personal de los diferentes museos, usualmente asociados con algún instituto educacional superior.

En Venezuela tenemos varios museos cuyo inventario incluye colecciones de serpientes aunque, seamos honestos, ninguno tiene la capacidad ni las dimensiones de los grandes museos europeos y norteamericanos. Eso se debe, principalmente, a que en el pasado no teníamos a casi nadie quien se preocupase por el estudio de colecciones científicas, y todo se reducía siempre a unas pocas vitrinas de exhibición.

Sin embargo, en las últimas décadas ha surgido una preocupación más seria por esas deficiencias, junto con la clara conciencia sobre la necesidad y obligación que tenemos de conocer mejor la ofidiofauna de Venezuela, la fauna en general. Sin buenos museos no pueden efectuarse estudios de nuestra flora y fauna, y de ahí que el desarrollo de los muesos no es un simple capricho o curiosidad; es más bien una necesidad imperante e inaplazable. Como no se puede estudiar la psicología sin gente, así tampoco se puede estudiar la fauna de un país sin colecciones científicas en los museos.

Cuando hace unos doce años empezamos a estudiar la ofidiofauna de Venezuela, nos encontramos con dos dificultades casi insuperables: la falta de colecciones de ofidios y falta de bibliografía apropiada; y ésta es otra de las extraordinarias desventajas con que tropieza cualquier científico que desea especializarse en alguna rama de la ciencia. No hemos comprendido todavía que una biblioteca no es un lujo o un adorno, sino un requerimiento absoluto para desarrollar estudios en todas las disciplinas de la vida. La palabra escrita es la piedra fundamental de nuestra cultura y civilización. Si hoy clama Venezuela por el desarrollo de la industria y agricultura, o establecimiento de escuelas y viviendas, deberíamos clamar también por bibliotecas más serias, abundantes y completas.

Para poder llevar a cabo nuestras exploraciones en el mundo de las serpientes, tuvimos que hacer varios viajes de estudios al exterior para examinar ejemplares venezolanos y bibliografía. Un viaje lo hicimos por los más grandes museos y bibliotecas norteamericanas, ayudados cordialmente por la Fundación Creole de Caracas y el Council Research Fund del Museo Americano de Historia Natural de Nueva York, y otro para visitar las grandes instituciones europeas. Durante el viaje encontramos serpientes venezolanas, coleccionadas en los últimos dos siglos por los exploradores norteamericanos y europeos. Cuidadosamente preservados con la conciencia de que este material científico es de gran valor y accesible a todos los científicos que estudian las serpientes. No es nuestra intención contarlo como una experiencia personal, sino dar un ejemplo en general sobre las dificultades que tiene que enfrentarse una persona que desea estudiar algún tópico científico en nuestro país.

Actualmente, tenemos tres museos de consideración que guardan colecciones de serpientes; entre ellos, la colección más grande la posee el:

1. *Museo de Biología de la Facultad de Ciencias, Universidad Central*, el cual, además del material colectado casi a diario en los Estados Centrales de la República, posee varias colecciones de expediciones mayores hechas por el personal de la Universidad, entre otros, a la región del Auyán-Tepui, el Dorado, el Estado Bolívar, Estado Falcón, Alto Ventuari, Territorio Federal Amazonas y otros más. Ultimamente, colecciones muy valiosas han sido hechas por el botánico doctor J. STEYERMARK, en la región del Delta Amacuro y Estado Bolívar, y donadas a nuestro museo. Es el único museo que posee también colecciones de otros países: Brasil, América Central, Guayana Holandesa y dos colecciones menores de Europa y Asia Menor.

Colecciones abundantes posee también el:

2. *Museo de Historia Natural de la Sociedad de Ciencias Naturales La Salle*. Gracias a varias expediciones importantes hechas a la región de Perijá, Zulia; Isla Margarita, Territorio Fed. Delta Amacuro, Alto Ventuari, Territorio Fed. Amazonas y varias otras más, en varias de las cuales hemos tenido el privilegio de participar; la Sociedad ha logrado acumular buen material, cuidadosamente preservado.

3. *Museo de Ciencias Naturales*, dependiendo del Ministerio de Educación, está aumentando rápidamente sus colecciones herpetológicas, especialmente en los últimos años, gracias al magnífico esfuerzo de su personal científico. Aquí se encuentran también colecciones de varias expediciones importantes, entre las cuales se destaca la de la Expedición Franco-

Venezolana al Alto Orinoco, la cual descubrió las fuentes del Orinoco.

Aparte de estos tres museos, existen colecciones depositadas en otras instituciones, tales como el Instituto Pedagógico de Caracas; Cátedra de Patología Tropical de la Facultad de Medicina de la Universidad Central, cuya finalidad principal es estudiar las serpientes ponzoñosas. En Maracay, la Facultad de Agronomía de la Universidad Central, posee una colección de serpientes representativas del Estado Aragua y otros adyacentes.

El único centro, además de Caracas, donde se estudian y existen colecciones de serpientes, es Maracaibo. La cátedra de Patología Tropical de la Universidad del Zulia y el pequeño museo en el Jardín Zoológico de Maracaibo, poseen pequeñas colecciones que aumentan constantemente. La importancia de este centro de estudios en Maracaibo estriba en el hecho de que la región del Zulia ha sido muy poco explorada desde el punto de vista herpetológico y cualquier esfuerzo nos trae adiciones valiosas al conocimiento de esta región venezolana.

Varios museos de Historia Natural en el exterior poseen considerables cantidades de serpientes venezolanas. Los tres más grandes son:

1. *El British Museum of Natural History*, en Londres, Inglaterra, que además parece ser el museo que posee las más grandes y valiosas colecciones de animales y plantas del mundo. Su época más floreciente era cuando el Imperio Británico se extendió por una cuarta parte del mundo a fines del siglo pasado y principios de éste, aunque los cuidadosos ingleses siguen manteniéndolo con gran esmero.

2. *American Museum of Natural History*, de Nueva York, es otro de los gigantes que guarda cantidad extraordinaria de ejemplares para estudios científicos, inclusive material de serpientes venezolanas. Sus exhibiciones son de las más completas que existen en materia de ciencias naturales.

3. *Museum of Comparative Zoology*, de la Harvard University de Norteamérica, es el tercer gran museo que posee numerosas serpientes y lagartos venezolanos, además de una de las más completas bibliotecas de ciencias naturales del mundo.

En los museos de París, Munich y Frankfurt en Europa; y Chicago, Ann Arbor, Philadelphia y Pittsburgh en Norteamérica, hay también serpientes venezolanas preservadas; y varios otros museos más tienen representantes de nuestra ofidiofauna.

D) HISTORIA DE LA OFIDIOLOGIA DE VENEZUELA

Para conocer las serpientes no basta solamente con museos y ejemplares, sino que hacen falta científicos entrenados en Zoología que se dediquen a estudiarlas. Desafortunadamente, este grupo de animales ha sido poco estudiado en Venezuela, y el desarrollo del conocimiento sobre las serpientes está reducido apenas a una docena de nombres.

Parece que el primer científico que estudia alguna serpiente venezolana es el gran explorador y viajero ALEJANDRO VON HUMBOLDT, quien en el año 1811 describe dos Cascabeles de la región de Cumaná; empieza así la historia del estudio de la ofidiología venezolana. ADOLFO ERNST, otro de los intranquilos espíritus de épocas pasadas, da cuenta, en 1877, sobre algunas serpientes y lagartos de Venezuela, en tanto que en el exterior varios eruditos estudian nuestras serpientes. Entre ellos se destaca el muy famoso naturalista G. A. BOULENGER, conservador del Museo Británico y padre de la herpetología moderna, quien, además de su monumental obra *Catálogo de Serpientes del Museo Británico*, que aparece a fines del siglo pasado, describe especies venezolanas de la región de Mérida, recoleccionadas por ROSENBERG.

Del siglo pasado o antes, hay numerosos cuentos de viajeros románticos y audaces del Nuevo Mundo, tales como el padre GUMILLA; pero sus escritos reflejan más bien la fantasía e imaginación, sin precisión científica, y los trataremos en un capítulo aparte.

Sólo en el primer cuarto del presente siglo surge un grupo de personas, particularmente entre los médicos, que empieza a estudiar serpientes, guiados por el interés patológico que ofrecen estos animales. A pesar de las dificultades causadas por falta de literatura y conocimiento biológico general de la fauna, los médicos venezolanos llevan a cabo un brillante esfuerzo, mostrando la real necesidad de estudios más especializados de nuestra ofidiofauna.

A este grupo de médicos de amplia visión científica pertenece el doctor J. QUINTINI, quien desde el año 1924 estudia las serpientes de los Estados Zulia, Mérida y Trujillo. Recientemente, en 1957, el doctor QUINTINI escribe una obra titulada «*Serpientes y Curanderismo*», de gran interés para el público en general.

A la pluma del doctor F. MILA DE LA ROCA, otro destacado médico venezolano, debemos la primera lista científica de las serpientes de Venezuela, aparecida en el año 1932. Dos años más tarde (1934) el doctor A. L. BRICEÑO ROSSI, actual director del Instituto de Higiene del Ministerio de S. A. S., publica su contribución, «*El Problema del Ofidismo en Venezuela*», en dos partes, con amplios datos recogidos en todo el país, particularmente en el Estado Zulia.

El doctor F. PIFANO, otro de los dinámicos médicos venezolanos que contribuye considerablemente al conocimiento de las serpientes ponzoñosas de Venezuela, publica varias obras sobre las serpientes del Estado Yaracuy en los años 1935 y 1938. El doctor PIFANO, quien actualmente es profesor universitario y ocupa el cargo de director del Instituto de Medicina Tropical de la Universidad Central, estudia todavía activamente a las serpientes ponzoñosas, junto con colaboradores como el doctor M. ROMER, de acuerdo con las normas modernas de biología. Recientemente, a la Sección de Ofidiología del doctor PIFANO, que se dedica también a la elaboración de sueros antiofídicos, se ha agregado el doctor A. MONDOLFI.

Solamente después del año 1950 aparecen biólogos entrenados para recoger el hilo de la ofidiología venezolana y expanderlo, abarcando, no solamente las serpientes ponzoñosas, sino todas las especies, dando al estudio ya un aspecto zoológico moderno. De este grupo de zoólogos modernos podemos mencionar al doctor C. ALEMAN, de la Sociedad de Ciencias Naturales La Salle, quien estudia los reptiles del Baruta (1952) y Perijá

(1953). En el Museo de Ciencias del Ministerio de Educación tenemos un nuevo patólogo venezolano, muy activo y eficiente, en la persona de su director, el señor A. R. LANCINI, quien ha preparado varias publicaciones interesantes, mientras que el autor de este libro, de la Escuela de Biología de la Universidad Central, ha contribuido hasta el presente con unas 30 publicaciones sobre la herpetofauna de Venezuela, inclusive una monografía de las serpientes de Venezuela. Un nuevo valor en formación en el Zoológico «El Pinar» es el señor C. RIVERO; por otra parte, el doctor C. P. TREBBAU, del Jardín Zoológico «El Pinar», estudia varios aspectos de serpientes venezolanas.

Estudio de índole bioquímicos y serológico de ofidios, efectúa el doctor BERTHOLD, de los Laboratorios Behrens, de Caracas, laboratorio que elabora diferentes sueros antiofídicos.

En el interior, uno de los pocos lugares donde se efectúan estudios sobre las serpientes es Maracaibo, donde están activos los doctores A. PONS, A. PÉREZ PIÑANGO y LARA MORALES, así como otros más.

LAS SERPIENTES LUMBRICOIDES
(Familias Typhlopidae y Leptotylopidae)

¿Cuál es la serpiente más pequeña del mundo? Esta pregunta se oye muy raramente, es cierto, aunque no es menos interesante, pero sí menos espectacular que las preguntas sobre las serpientes gigantescas o ponzoñosas.

Las serpientes lumbricoides pasan inadvertidas por las demás características, pero pueden dar contestación a la pregunta arriba formulada.

Efectivamente, los individuos que representan las dos familias de serpientes lumbricoides poseen las menores dimensiones del gran clan de las serpientes. La Cieguita Marrón *(Helminthophis flavoterminatus)* no puede competir con el tamaño de un simple lápiz (ver fig. 5); sólo los ejemplares más grandes de esta especie apenas llegan a tener el diámetro de un lápiz. Su largo normal es de unos 10 a 20 centímetros, dimensiones ridículas para el noble grupo de las serpientes. ¡Menos mal que las serpientes no parecen sufrir complejos de inferioridad!

Las dos familias científicas son muy similares en su apariencia general y sólo los ojos entrenados de un herpetólogo las pueden separar. En Venezuela el nombre común que se les aplica es Culebra de dos Cabezas, Cieguita y Viejita. El primer nombre alude al hecho de que tanto la cabeza como la cola poseen el mismo grosor, por lo tanto difícil de distinguir cuál es cuál. La romántica imaginación de la gente ha aprovechado de esta peculiaridad para agregarle una cabeza en el otro extremo.

Las Cieguitas son pequeñas serpientes lumbricoides con el cuerpo liso y brillante; sus ojos están escondidos debajo de escamas cefálicas. Debido a esto, ellas apenas pueden percibir objetos y movimientos a su alrededor. Aunque esto parece ser una desventaja, estudios de sus costumbres de vida nos revelan que no es así. Todas ellas son de costumbres minadoras, subterráneas, y en la oscuridad debajo de la tierra no hay luz suficiente para ver. Un viajero tampoco cargará en su maleta cosas que no le son útiles en el viaje. Además, la actividad de la Cieguita abarca principalmente las horas de la noche.

A menudo se las puede encontrar cerca o aun dentro de nidos de comejenes o termites que, junto con hormigas y otros pequeños animales, constituyen su alimento principal. Vivir en un nido de comejenes parece una idea excelente: la comida es más que abundante y los comejenes no les pueden hacer ningún daño debido a la gruesa capa protectora de las escamas. Como con esto no bastaría, las Viejitas ponen a veces sus huevos dentro de los nidos de comejenes; así, cuando los pequeños salen, encuentran por lo menos que la comida no escasea. Otra morada preferida por las dos familias son los jardines que tienen tierra fértil y llena de pequeños animales que les sirven de alimento.

De la familia *Typhlopidae* (Cieguitas) se encuentran en Venezuela tres géneros científicos, con varias especies. La Cieguita Caraqueña *(Liotyphlops caracasensis)* ha sido descubierta sólo recientemente y el primer ejemplar conocido provino del Cuartel Urdaneta de Caracas. Esto, desde luego, no implica que las serpientes tengan predilección especial por los cuarteles y el ejército. Hoy día ya sabemos que la Cieguita Caraqueña es tan abundante como la Cieguita Marrón. La primera se diferencia de la última por no poseer las manchas amarillas sobre la cabeza y la cola.

Gigantes entre estas serpientes son las especies del género *Typhlops*. La Cieguita Reticulada *(Typhlops reticulatus)*, presente en la Amazonia Venezolana y además conocida en toda la parte septentrional de Suramérica, llega a tener hasta 60 centímetros de largo y un diámetro de un centímetro; en tanto que su hermana, la Cieguita Falconiana *(Typhlops lehneri)* conocida solamente del Estado Falcón, tiene una talla menor y se asemeja a las especies más pequeñas.

La segunda familia de las serpientes lumbricoides que son todavía más pequeñas que la anterior, *Leptotyphlopidae*, posee un solo género distribuido prácticamente por todo el mundo. Nosotros damos albergue a no menos de cinco de ellas. La más común es la Viejita *(Leptotyphlops albifrons albifrons)* que a pesar del nombre científico no posee la «frente blanca» sino amarilla. Se encuentra en las partes bajas en toda Venezuela y en muchas partes de Suramérica; hemos encontrado ejemplares hasta en las playas del litoral del Distrito Federal. Una raza geográfica de esta forma, la Viejita Margariteña *(Letotyphlops albifrons margaritae)*, la hemos descubierto durante una expedición con la Sociedad de Ciencias Naturales La Salle a la Isla Margarita. Su coloración es negra con líneas amarillas longitudinales, o series de manchitas amarillas. Tanto la frente como la cola de las dos razas tienen una manchita brillante.

La Viejita Andina *(Leptotyphlops affinis)*, descubierta y descrita en el siglo pasado por el eminente científico inglés G. A. Boulenger, es «endémica» de los Andes de Mérida y sus alrededores. Se llama endémica a aquella especie cuya distribución está restringida a una región geográfica relativamente. pequeña.

Una especie curiosa, la Viejita Puyadora (*Leptotyphlops macrolepis)*, se encuentra en la Cordillera de la Costa, inclusive en Caracas. Cuando está atrapada en las manos, la Viejita Puyadora trata de escapar entre los dedos puyando con la cola como para encontrar un hueco por donde salir. La cola termina en una punta en todas las especies lumbricoides, y es utilizada para enterrarse en el suelo. Aunque la Viejita Puyadora utiliza tanto la cabeza como la cola para buscar el escape, la gente, sin distinguir las dos, cree que la serpiente trata de puyar con su espina «ponzoñosa» en la mano, y de ahí la creencia de que las Viejitas y las Cieguitas son sumamente ponzoñosas, lo cual, como sabemos, no es verdad. Ellas no poseen ningún aparato ni glándula ponzoñosa.

Recolectando animales en el jardín botánico de la Universidad Central, encontramos en una ocasión una Viejita Puyadora y la llevamos en la mano hasta el Instituto. Pronto acudieron varios obreros a observar al reptil y los más «versados» en serpientes inmediatamente insistieron que era una serpiente que picaba y con mucha ponzoña. Tratamos de convencerles de que tal afirmación carecía de verdad y les mostramos cómo la Viejita trataba de escapar clavando la punta de su cola entre los dedos (con horror de la audiencia). Como no mostramos ningún signo de emponzoñamiento, los obreros (siempre amigos fieles nuestros y dispuestos a ayudar en cualquier tarea) se fueron visiblemente desilusionados. La Viejita Puyadora parece ser la más grande especie del género, pues alcanza unos 35 centímetros de longitud.

RESUMEN DE LAS SERPIENTES LUMBRICOIDES

Familia Typhlopidae - Las Cieguitas

Distribuida en los cinco continentes, abarca cinco géneros, tres de los cuales se encuentran también en Venezuela.

	Nombre común	*English*	*Deutsch*
1. Género *Liotyphlops*, H. FLAVOTERMINATUS	Cieguita Marrón	Brown Blind Snake	Die braune Blindschlange
2. Género *Liotyphlops*, L. CARACASENSIS	Cieguita Caraqueña	Caraca's Blind-Snake	Caracas Blind schlange
3. Género *Typhlops*, T. RETICULARIS	Cieguita Reticulada	Reticulated Blind Snake	netzartig gemusterte Blindschlange
T. LEHNERI	Cieguita Falconiana	Falcon Blind Snake	Falkon'sche Blind-Schlange

Familia Leptotyphlopidae - Las Viejitas

Distribuida en Asia, Africa y las Américas, desde Suramérica hasta el sur de los EE.UU. de Norteamérica. El único género conocido de esta familia está representado en Venezuela por cinco especies:

	Nombre común	*English*	*Deutsch*
1. Género *Leptotyphlops* L. ALBIFRONS ALBIFRONS	la Viejita	Yellow-Headed Worm Snake	Schlankblindschlange
L. ALBIFRONS MARGARITAE	la Viejita	Maragarita's Worm Snake	Margaritas Schlankblindeschlange
L. MACROLEPIS	la Viejita Puyadora	Pricking Worm Snake	stechende Schlankblindschlange
L. TENELLA	la Viejita Negra	Black Worm Snake	schwarze Schlankblindschlange

LAS SERPIENTES GIGANTES
(Familia Boideae)

Una creencia errada sobre las serpientes es la suposición de que la fuerza constrictora está relacionada con la posesión de la ponzoña. La naturaleza siempre ha distribuido las cualidades equitativamente: cada especie ha recibido algún arma con qué defenderse o procurarse la comida. Aunque desde el punto de vista humano nos parece que algunas serpientes han sido beneficiadas más que otras, no es así cuando pensamos en el animal *dentro* de su medio ambiente. La fuerza bruta, desafortuna-

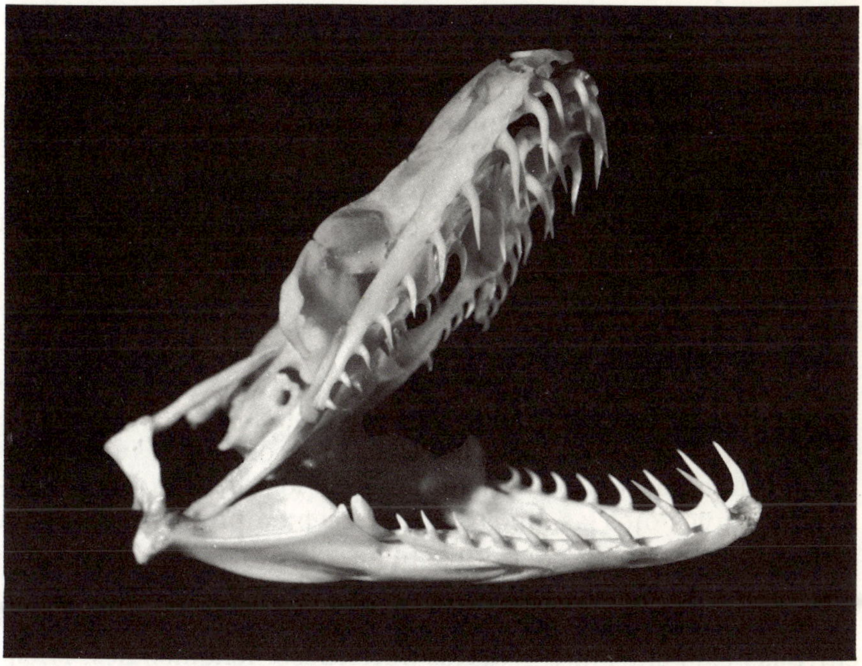

Fig. 19. Cráneo de la Culebra de Agua o Anaconda, con dientes largos y agudos, pero sin ponzoña

damente, siempre nos ha parecido un arma más poderosa que una coloración adaptada al medio ambiente. Porque la fuerza asociada con gran tamaño y músculos potentes, que de por sí son características muy conspicuas, invitan a peligros adicionales contra enemigos más grandes y fuertes; en tanto que una serpiente con la coloración mimética no tiene que enfrentarse con nadie y puede pasar inadvertida en su medio, sin desgaste de energía en forma de fuerza muscular para defenderse o atacar innecesariamente. Quien posee fuerza no posee ponzoña ni talla pequeña. Esto es particularmente verdad con la familia *Boidae:* sus largos y agudos dientes (fig. 19) pueden causar heridas desagradables, pero carecen de ponzoña.

Las *boidas*, en general, son las serpientes más grandes del mundo, aunque algunas especies tienen dimensiones relativamente pequeñas. Su grueso cuerpo y también la cabeza, están cubiertos por numerosas escamas, a veces dispuestas en 50 ó más hileras longitudinales. La cabeza es triangular y se destaca del cuello. Como son animales en su mayoría arbóreos y nocturnos poseen la pupila vertical que, sumada a la característica de la cabeza triangular, les confiere un aspecto de una víbora ponzoñosa y agrega a la confusión de las características para diferenciar las serpientes ponzoñosas de las no ponzoñosas. Su característica dinámica más resaltante es la proverbial fuerza con que ellas atrapan y estrangulan a sus víctimas (fig. 20). (Ver cap. sobre alimentación).

No existen libros populares sobre las serpientes que no discutan el problema de las serpientes más grandes del mundo. Si empezamos por las leyendas y las fantásticas exageraciones de los primeros viajeros que visitaron los continentes recientemente descubiertos, y terminamos por los observadores actuales, en cuyos ojos las dimensiones crecen en proporción directa al miedo y horror, vemos que todos ellos han presentado tamaños y apariencias a cual más grande o terrorífica, de tal forma que el investigador objetivo está totalmente perdido entre las exageraciones y «datos auténticos» fenomenales. Mientras que las leyendas y fantasías sobre el tamaño de las serpientes más grandes las trataremos en un capítulo posterior, nos queda por descifrar aquí el tamaño verdadero que pueden alcanzar algunas serpientes venezolanas.

Para lograrlo podemos valernos de diferentes datos serios que han aparecido en la literatura científica o popular, pero desde el principio tenemos que definir ciertas normas de estudio.

Fig. 20. La Tragavenados engullendo una rata. No ponzoñosa

Existen por lo menos cuatro tipos de datos, útiles para nuestra consideración: 1.°, datos obtenidos por uno mismo y con toda honestidad consigo mismo; 2.°, medidas reales y personales deo tros autores; 3.°, estimaciones a base de un ejemplar visto, cuerpo o parte del cuerpo, y 4.°, estimación obtenida de otras personas. Armados con estas normas graduales de evaluación de datos podemos proseguir nuestro análisis.

La indiscutible reina de las serpientes gigantes en Venezuela, y también para toda Suramárica y el mundo en general, es la llamada Anaconda (*Eunectes murinus*) (fig. 21) que recibe diferentes nombres en los países suramericanos. En Venezuela la llamamos la *Culebra de Agua;* en Colombia, *Güio de Agua* o *Petaca,* en tanto que los brasileiros le aplican el nombre de *Sucuri.* Otros nombres aplicados a esta especie son: *Matatoro,*

Yacu Mama, (madre de agua), *Aboma* (Guayana Francesa), *Camudi* (Guyana) y numerosos nombres más. Es curioso el hecho de no saberse el origen del nombre vernacular «Anaconda»; en ningún país donde existe este gigantesco reptil le llaman así. Tampoco los conquistadores han traído el nombre, y sin embargo, ha sido adoptado casi universalmente.

El tamaño usual de la Anaconda, como se la puede encontrar en la cuenca del Orinoco o en Los Llanos, es de unos tres a cinco metros; pero debido al grosor del cuerpo el animal luce mucho más grande y temible. El ejemplar más grande vivo o recientemente muerto que hemos examinado, provino del Estado Guárico y midió cerca de seis metros, con circunferencia del cuerpo de algo menos de un metro. El aspecto del animal con estas dimensiones es realmente espectacular.

Pasando por San Fernando de Apure en el año 1957, encontramos una zapatería que se dedicaba a la venta de cueros de caimanes. En la puerta del negocio estaba colgada una piel de Anaconda sumamente larga, y preguntamos al dueño si la quería vender, a lo cual él contestó negativamente. Sin embargo, nos permitió medirla y la cinta mostró la casi increíble longitud de diez metros con 27 cm. Es de advertir que la cabeza no estaba presente y la medición abarcaba cuerpo solamente. Desafortunadamente la piel no puede considerarse como reflejo fiel del tamaño de una serpiente con vida. J. A. OLIVER, en uno de sus libros populares, señala que la piel se extiende hasta 20 por 100 ó más de su tamaño real debido a técnicas de quitar la piel y su posterior extensión. Considerando esto, el largo del cuerpo de la Anaconda medida seguramente sería de unos ocho metros con 56 cm. Una serpiente de estas dimensiones posee una cabeza de aproximadamente 35 cm., lo cual, añadido al largo calculado, da 8 metros con 91 cms., que representa una estimación de un largo total de una Anaconda venezolana a base de medidas tomadas personalmente. Dos factores, desde luego, dificultan la precisión de nuestros cálculos: *a)* se trataba de una piel, y *b)* la cabeza no estaba presente; a pesar de esto creemos que la medida de 8,91 metros está muy cerca del largo verdadero de la Anaconda medida.

Los herpetólogos colombianos han tenido más suerte para

Fig. 21. La majestuosa Culebra de Agua o Anaconda. No ponzoñosa

encontrar Anacondas más grandes. El doctor F. MEDEM, herpetólogo de la Universidad Nacional de Colombia, Bogotá, es muy famoso por sus numerosas expediciones a regiones colombianas remotas, en las cuales este científico recolecta la rica herpetofauna. Entre sus objetos favoritos de estudio se encuentran cocodrilos y caimanes, como también los quelonios; pero en varias expediciones él ha reportado encuentros con Anacondas realmente excepcionales, entre ellas una en el río Guaviare con el tamaño de 10 metros con 25 centímetros, aunque él no logró medirla personalmente.

Una de las máximas autoridades norteamericanas en la herpetología neotropical, o sea, la región que abarca toda Suramérica hasta el norte de Méjico, el doctor E. R. DUNN, ya fallecido, pasó una temporada en Colombia durante el año de 1944. Como resultado de sus estudios publicó numerosos trabajos científicos, entre ellos una serie de artículos generales sobre anfibios y reptiles de Colombia. En uno de ellos, el doctor DUNN, cuenta sobre una Anaconda medida por un amigo suyo. Repetimos aquí el párrafo del erudito herpetólogo:

«Mi amigo el señor Robert Lamon, geólogo de la Richmond Oil Company, me ha dicho que mató y midió un ejemplar de once metros y medio en Los Llanos. También he oído hablar de ejemplares de 14 metros, pero la aseveración del señor Lamon no es de «segunda mano», sino directa y digna de crédito.»

Es evidente que el geólogo doctor R. LAMON, mereció toda la confianza del doctor DUNN y de ser así, podemos considerar que la medida de 11,50 metros es una de las más largas que se ha obtenido de la Anaconda suramericana.

En Brasil, el doctor R. IHERING, uno de los más grandes naturalistas del pasado, reportó el largo de una Sucurí (Anaconda) de 10 metros. Creemos, en consecuencia, que once metros y un poco más es el largo máximo a que puede llegar una Anaconda.

Apoyándose en las evidencias del pasado se obtienen indicaciones de que el tamaño de las especies de grandes dimensiones va disminuyendo a medida que la civilización se expande a regiones poco exploradas. Tarde o temprano llega el momento en que la capacidad destructora del hombre es superior a la producción de la Naturaleza y los grandes ejemplares de animales, privados de sus escondites, descubiertos y hechos accesibles por las nuevas carreteras, lanchas de motor y aviones, no pueden seguir en su hermosa intimidad de la Naturaleza. Ellos tienen que enfrentarse con el hombre y perder su última batalla.

Los ejemplares más grandes son siempre los más conspicuos y también los más raros. Uno entre cientos llega a imponerse en la lucha por la superación, adquirir dimensiones excepcionales y extender su existencia por numerosos años, convirtiéndose así en una verdadera joya de la Naturaleza.

Por ser joyas, precisamente, son perseguidos por el hombre y exterminados. Es el destino que han sufrido las Anacondas, los caimanes y cocodrilos por su piel de valor comercial. A veces somos demasiado celosos en surtir al hombre con numerosísimas leyes, constituciones y decretos democráticos que protegen su integridad y somos muy sensibles si se nos quiere reducir algo de estas maravillas inventadas por la mente humana. Pero estamos olvidando que el mismo trato claman también nuestros hermanos menores, los animales, que igual que nosotros, forman parte de la Naturaleza. Esto no pretende ser una advertencia o propaganda de alguna sociedad protectora de animales, sino un razonamiento lógico apoyado en el conocimiento y comprensión de la naturaleza.

Si la Anaconda es indiscutiblemente la serpiente más grande del Nuevo Mundo, en la categoría mundial tiene un digno rival en el Pitón Reticulado *(Python reticulatus)*, un boido de Asia Suroriental. La disputa de quién es más larga ha sido tema favorito para los herpetólogos de todas las épocas. En el pasado se tenía la creencia de que el Pitón era el más largo, aunque la Anaconda conservaba el título de la más gruesa. Datos adicionales obtenidos en las últimas décadas señalaron el mayor largo registrado para nuestra Anaconda, siendo los records para su rival algo inferiores. Diez metros parece ser el límite superior del largo de esta serpiente.

La Culebra de Agua, como su nombre lo indica, vive una parte de su vida en o cerca del agua y es una nadadora bastante ágil, aunque sus movimientos en general son bastante torpes por su gran tamaño. Está distribuida, prácticamente, en todo el país, desde el nivel del mar, excepto las regiones secas, hasta unos 500 metros de altura. El río Orinoco y sus tributarios dan albergue a cientos de estas serpientes, así como también los demás ríos y caños de Los Llanos altos y bajos. Se encuentran con cierta frecuencia en los morichales; en uno cercano a la Estación Biológica de Los Llanos, de la Sociedad Venezolana de Ciencias Naturales, sabemos sobre la existencia de un hermoso ejemplar de unos cuatro metros de largo.

Viajando ocasionalmente con una lancha por el Delta Amacuro se puede a veces observar en la costa el pesado cuerpo de la Culebra de Agua, deslizándose sobre las ramas o raíces del mangle para perderse en su elemento predilecto, el agua.

El pueblo confunde con gran frecuencia la Culebra de Agua con la Tragavenados *(Boa constrictor)* (fig. 22) antes conocida también como *Constrictor constrictor*, que ostenta el subcampeonato suramericano de longitud. Es algo sorprendente esta confusión debido a que las dos especies se diferencian considerablemente en su coloración y lo único común que las dos tie-

Fig. 22. La Tragavenados adulta, mostrando su bella coloración. No ponzoñosa

nen es el gran tamaño, aunque la Tragavenados apenas alcanza tres o cuatro metros de largo. Hemos observado también la convicción general entre la gente de la ciudad de que la «boa constrictor» es el ser más grande, más potente y, para muchos, también el más ponzoñoso que existe sobre el globo terrestre.

En el Jardín Zoológico del Pinar, existen más de una docena de Tragavenados y apenas unas pocas llegan a tener más de tres metros de longitud. Otro dato confuso representa su romántico nombre de Tragavenados. La Tragavenados no puede tragar ni siquiera un «bambi» recién nacido; inútil considerar su capacidad de engullir un venado entero con sus cachos y cascos, tarea casi imposible para su hermana mayor, la Culebra de Agua. Muy probablemente, como la hermana menor suele vivir de los éxitos de la hermana mayor, así también la Tragavenados ha alcanzado cierta fama por ser confundida con la Culebra de Agua.

La mayor medida que hemos obtenido en una Tragavenados

viva es de tres metros con 70 centímetros, obtenido en una excursión de la Escuela de Biología de la Universidad Central a la región de Sosa, Estado Guárico, en tanto que una hermosa piel del animal sin la cabeza, que posee el doctor MUKTANS, de la Farmacia San Agustín, mide unos cinco metros.

El doctor J. A. OLIVER, cuenta sobre una Tragavenados de Trinidad cazada por un empleado del control de paludismo, durante la Segunda Guerra Mundial, cuyo largo total alcanzó 5 metros con 20 centímetros, que indiscutiblemente representa la medida máxima obtenida para una Tragavenados.

La Tragavenados es un animal arbóreo nocturno y su distribución se extiende por toda Venezuela hasta unos 800 ó 1.000 metros de altura. Ocasionalmente se encuentra también en Caracas; sin embargo, las regiones preferidas por las Tragavenados son las más bajas de Los Llanos al norte y sur del Orinoco.

Entre todas las serpientes, nuestra Tragavenados parece ser una de las más sociables, aunque otras especies de la familia *Boidae* también parecen adaptarse con facilidad a la vida social con el hombre. Existen cuentos sobre la amistad entre hombres y Anacondas; el doctor CLIFFORD H. POPE menciona una Pitón de la India, llamada Sylvia, que creció en la familia como cualquier animal doméstico.

Cuando los circos ambulantes llevan en su «staff» algún faquir o mago, su prenda común es una o más serpientes colocadas dramáticamente alrededor del cuello. En los circos del Nuevo Mundo, esta prenda, en el 90 por 100 de los casos, es la Tragavenados, en tanto que en Asia, Africa u Oriente Lejano, los magos sacan a relucir alguna especie de Pitón, que son las boas del Viejo Mundo. De esta manera, la gente aprovecha la sociabilidad de las boidas para atraer la atención o respeto a sus actividades mágicas.

Hace unos quince años apareció en Caracas un faquir o yogui que afirmó poder subsistir sin comer por varias semanas. Fue encerrado en una especie de cuarto de vidrio, donde yacía semidesnudo con varias Tragavenados alrededor de su cuello, y la gente, por una suma módica pudo admirarlo. A medida que pasaban los días, uno de los reptiles empezó a mostrarse intranquilo y un día atacó a su amo tratando de estrangularlo.

Debilitado por el hambre (aunque reforzado por uno que otro bocado introducido de contrabando de noche, según las «Ultimas Noticias») el faquir no pudo controlar al a serpiente y los discípulos tuvieron que abrir la jaula de vidrio para rescatar a su maestro, medio muerto, alimentarlo y suspender la prueba del hambre. Una demostración de este tipo, permite sacar varias conclusiones:

1.ª ¿Se rebeló la Tragavenados o fue «rebelada» para encontrar pretexto de suspender la prueba sin perder el prestigio, ya que la prueba fue suspendida por fuerza mayor?.

2.ª Es muy desafortunado que farsantes ignorantes de este tipo, pasen por representantes de la prestigiosa enseñanza de yoga hindú de Bhagavad Gita, Vedas y Upanishadas. Estos faquires ayunadores, con Tragavenados o «maestros» sin serpientes que respiran profundamente, que se paran sobre la cabeza o hacen unos cuantos ejercicios yoga, que tuercen los huesos, etc., están tan lejos de la verdadera enseñanza yoga como un aventurero y estafador occidental cuando se presenta en alguna isla o pueblo del Oriente con un par de fusiles y pistolas. Como representante de la cultura y supremacía occidental trata de imponer así su voluntad en nombre de la «civilización blanca de Occidente», ridiculizando y destruyendo las creencias y dioses de aquella gente.

3.ª Lo más triste es que hay serpientes «honestas» envueltas en estos actos de ignorancia por parte de los pseudoyoguis, para conferirles más prestigio.

4.ª ¿No es ridículo pretender que sin comer, con una serpiente sobre el cuello o parados de cabeza, podremos arrancar de la Naturaleza sus más veladas verdades, buscadas por el ser humanodesde el amanecer de su historia?.

El resto de las boidas venezolanas, son serpientes más bien de talla moderada aunque también estranguladoras potentes.

Entre las verdaderas bellezas del reino ofídico se encuentra la Trepadora Esmeralda *(Corallus caninus)* (fig. 23), conocida antes también como *Boa canina*, distribuida en la Gran Sabana y Amazonia Venezolana. Su hermoso traje verde ha llamado la atención de numerosos amantes de la Naturaleza. En los recién nacidos y juveniles la coloración es de rojo fuego, en marcado contraste con el verde esmeralda de los adultos; y sus dientes, muy largos y agudos, le han conferido su nombre científico «caninus» ya que su mordedura es tan peligrosa como la de un perro bravo. Durante el día esta serpiente, estrictamente arbórea y nocturna, pasa dormida y enrollada como algo verde entre el follaje, saliendo de noche en busca de alimentos. Su pupila vertical y cabeza triangular le confiere un aspecto ponzoñoso que puede confundir aun a los biólogos. Su largo total no llega a más de metro y medio.

Fig. 23. La Boa Esmeralda en posición de defensa. No ponzoñosa

En el año 1962 tuvimos el privilegio de decidir una apuesta sobre esta hermosa serpiente: Durante una expedición de la Universidad Central al Alto Paragua, nuestra gente recolectó una Trepadora Esmeralda y mientras unos afirmaban que se trataba de una víbora ponzoñosa el profesor J. OJASTI, sin ser herpetólogo, expresó su opinión de que probablemente el ejemplar representaba una especie de las boidas. Como nadie cedió en sus afirmaciones, hicieron una apuesta. El ejemplar traído resultó ser el *Corallus caninus*, aunque tenemos que reconocer en pro de los perdedores, que su color era algo diferente del de los ejemplares normales.

Un barloventeño, hace varios años, nos aseguró que subiendo uno de los ríos cerca de Higuerote, se podían ver Macaureles *(Mapanares o Bothrops colombiensis)* por docenas, colgándose en las ramas de los árboles. «Además —prosiguió nuestro informante— cuando uno pasa por debajo de estos árboles, las Macaureles se lanzan sobre los botes y pican a sus ocupantes». Nunca logramos averiguar lo que es real y lo que es fantasía en el cuento de nuestro informante, pero casi seguro podemos afirmar que:

1.º No se trata de ninguna Macaurel ponzoñosa, ya que la especie ponzoñosa *Bothrops colombiensis*, que es llamada así en varias regiones de Venezuela, no es arbórea.

2.º La especie en cuestión; con poca duda, es una boida llamada científicamente *Corallus hortulanus cookii*, que abunda particularmente en los árboles cerca de los ríos que desembocan en el mar. En algunas regiones la llaman Macagua Arbórea y este nombre adoptaremos también aquí.

Fig. 24. La Macagua Sureña, no ponzoñosa

Durante una expedición al Delta Orinoco, recolectamos un lote de reptiles y casi el 50 por 100 de ellos era la Macagua Arbórea, que sale de noche en busca de alimentos constituidos en aquella región por unas pequeñas comadrejas arbóreas. El Mangle o arbustos relacionados que crecen cerca de los ríos parecen ser los árboles preferidos por ellas, aunque en la isla Margarita, bajando del Cerro Copey, recolectamos un precioso ejemplar de esta especie, lejos del agua.

Al sur del Orinoco, en el Territorio Federal Amazonas, se encuentra otra subespecie, la Macagua Sureña *(Corallus hortulanus hortulanus)* (fig. 24) de una coloración verdosa amarillenta con bandas transversales oscuras.

Estas dos últimas subespecies, como el resto de las boidas, tienen gran similitud en el aspecto general con las víboras ponzoñosas; de ahí la confusión con la Macaurel. Su largo total no sobrepasa los dos metros, y usualmente los ejemplares son de alrededor de un metro de largo.

Fig. 25. La Dormilona Morada es una potente eliminadora de ratones y ratas. No ponzoñosa

Una boida medio terrestre y medio arbórea, relativamente común en toda la parte septentrional de Venezuela, es la Dormilona Morada *(Epicrates cenchria maurus)* (figura 25). Este nombre, utilizado en el Oriente, particularmente en la isla Margarita, describe el hecho de que durante el día, cuando la gente usualmente tropieza con la serpiente, ella es soñolienta y parece siempre medio dormida. Se encuentra también en Caracas y alrededores, aunque prefiere regiones más bajas y húmedas al norte del Orinoco. Cuando joven, la colora-

Fig. 26. La Dormilona Anillada se despierta de noche para salir a cazar. No ponzoñosa

ción de esta subespecie tiene anillos oscuros que gradualmente desaparecen a medida que el animal crece, hasta que el adulto se viste de un bello color pardo-morado que en el sol brilla como atornasolado. Su hermana gemela, Dormilona Anillada *(Epicrates cenchria cenchria)* (fig. 26), está distribuida al sur del Orinoco, en la selva de la Gran Sabana, y también en las Guayanas, Brasil Septentrional y Colombia. Igual que la Dormilona, no llega a más de dos metros de largo y su coloración consta de grandes anillos u ocelos sobre un fondo pardo grisáceo, algo similar a la coloración juvenil de la Dormilona Morada.

FAMILIA BOIDAE

1. Género *Eunectes*
   E. MURINUS
   N. VERNACULAR
   Anaconda-Culebra de agua*

2. Género *Boa*
   B. CONSTRICTOR - CONSTRICTOR
   N. V. TRAGAVENADOS**

3. Género *Corallus*
   C. CANINUS-Trepadora Esmeralda
   C. HORTULANOS HORTULANUS - Macagua arbórea Sureña
   C. HORTULANUS COOKII - Macagua Arbórea Norteña

4. Género *Epicrates*
   E. CENCHRIA-Dormilona-Anillada
   E. CENCHRIA MAURUS-Dormilona Morada

* Llamado anteriormente CONSTRICTOR.
** Llamado anteriormente BOA.

LAS SERPIENTES NO VENENOSAS O POCO VENENOSAS (Familia Colubridae)

Un censo del clan de las serpientes nos revela el hecho de que el inocente grupo de culebras de la familia *Colubridae*, son las más abundantes. En efecto, tanto en número de especies como en número de individuos, es mayor que las especies e individuos de todos los demás grupos combinados. De las 140 especies de serpientes conocidas en Venezuela, cerca de 100 son colúbridas, representando un 70 por 100 del total.

Este dato, probablemente, desilusionará a numerosas personas dispuestas a aniquilar a todas las serpientes, considerándolas como un gran mal del mundo, ya que les quitará el poderoso argumento de que casi todas las serpientes son ponzoñosas. Una vez más podemos ver que nuestras convicciones emocionales usualmente no coinciden con la realidad de la Naturaleza.

Por su gran abundancia se deduce que el grupo más adaptado a la vida del presente y dominante entre las serpientes es, precisamente, el de las serpientes colúbridas, sin ponzoña o con muy poca ponzoña; y no las serpientes verdaderamente ponzoñosas, ni las gigantes constrictoras, como nosotros estaríamos dispuestos a considerar debido a que la fuerza o ponzoña nos parecen argumentos muy convincentes.

El problema de la ponzoña lo discutiremos más adelante; basta con decir aquí que las colúbridas o carecen de aparato inoculador de ponzoña, representando el grupo de las *aglifas*, o poseen una pequeña glándula de ponzoña que desemboca en dientes más grandes, situados en la parte posterior de la boca, y provistos de surcos para la conducción de la ponzoña. Estas últimas están ubicadas en el grupo llamado de las *opistoglifas;* su ponzoña no puede afectar seriamente al hombre, aunque sí puede paralizar una presa pequeña como un ratón, algún pájaro o lagarto. En Africa y Asia existen algunas especies opistoglifas que pueden ser peligrosas para el hombre, pero en Venezuela no existe ninguna de estas especies.

Las colúbridas son serpientes usualmente esbeltas, cubiertas por escamas lisas o aquilladas, con ojos grandes, siendo la pupila redondeada, aunque algunas especies nocturnas las poseen algo verticales, como en los gatos, similar a las de las víboras ponzoñosas. La cabeza está cubierta por unas diez u once escamas grandes en su parte superior, y el cuerpo lleva escamas dispuestas en 10 a 28 hileras longitudinales. Tanto el vientre como la cola están cubiertos por escamas más grandes que las dorsales y el principio de la cola está marcado por una escama que cubre el ano, llamada escama anal, que puede ser entera o dividida. Las escamas situadas por debajo de la cola se llaman escamas subcaudales y son, usualmente, divididas.

Esta riqueza de escamas que cubren el cuerpo de las colúbridas y serpientes en general, ha permitido elaborar una clasificación más o menos completa que los herpetólogos siempre tratan de perfeccionar. La clasificación es particularmente difícil en este grupo de culebras debido al gran número de especies que a veces se distinguen entre sí sólo por caracteres difíciles de definir.

Las colúbridas se encuentran en muy diversos habitats: hay especies minadoras y subterráneas, terrestres, arbóreas y aun semiacuáticas, estando distribuidas, desde las regiones más secas y desérticas hasta las selvas más húmedas. Describir sus habitats equivaldría a describir todas las zonas bióticas de Venezuela.

Como las colúbridas carecen de ponzoña o gran fuerza, han ideado toda una serie de adaptaciones para superar estas carencias. Unas han adquirido la forma del cuerpo o coloración muy semejante a la del medio ambiente; otras han encontrado que, asemejándose a las serpientes ponzoñosas, vivirán y estarán protegidas por la mala fama que aquéllas poseen. Otras más se valen de su gran velocidad o se defienden contra sus enemigos por medio de acciones de amenaza o advertencia. Esto último ha sido admirablemente descrito por el profesor R. MERTENS, de Alemania.

A) ADAPTACIONES DEL MEDIO AMBIENTE

Son numerosas las colúbridas que se han adaptado a las características del medio ambiente, siendo a veces las adaptaciones tan perfectas que uno tiene que tropezar con ellas para poder descubrirlas. Esto, desde luego, ahorra a las serpientes muchos inconvenientes: en vez de huir o enfrentarse con el enemigo, ella queda en su posición confundiéndose con el medio, y el posible atacador pasa sin notarla. Diríamos que se requieren muchos nervios por parte de la serpiente para no huir cuando el enemigo está tan cerca, pero los animales tienen incluidos todos estos mecanismos de defensa en su estructura instintiva y efectúan la acción correspondiente sin tener que «pensar».

En las zonas secas de la costa septentrional de Venezuela, como también en Los Llanos, se encuentra una colúbrida llamada Minadora *(Phimophis guianiensis)* (fig. 27), cuya colora-

Fig. 27. La Minadora Venezolana, con el hocico aplanado para excavar. Su coloración es una adaptación perfecta al ambiente arenoso

ción es marrón grisácea con puntos irregulares más oscuros que cubren todo su dorso. Esta coloración está perfectamente de acuerdo con su medio ambiente: el suelo marrón grisáceo donde la serpiente se esconde y pasa la mayor parte de su vida. Es la única serpiente venezolana cuyo rostro está aplanado dorsoventralmente, formando un borde filoso como el de una pala que le ayuda a penetrar en el suelo. En su estado juvenil la Minadora tiene la coloración básica de tonos rojizos, siempre con puntos más oscuros.

Fig. 28. La Machete tiene la parte anterior de su cuerpo diferente de la posterior, dando la impresión de que se trata de dos culebras diferentes. No ponzoñosa

En Rancho Grande y otras zonas húmedas de la Cordillera de la Costa, se encuentra con cierta frecuencia la Machete *(Dendrophidion percarinatus)* (fig. 28) sobre la cual afirma la gente que, cuando alguien pasa cerca, la culebra descarga golpes con su cuerpo y con tanta fuerza que causa heridas similares a las de un machetazo. Desde luego, se trata de una creencia sin base alguna, originada muy probablemente por el hecho de que la coloración de la Machete hace difícil el poder descubrirla en su medio ambiente terrestre, entre las hojas secas de tonos grises y pardos. Un encuentro con ella o pisándola, produce la huida veloz del animal que lo hace aplastando algo su parte anterior que, debido a la coloración diferente de la parte posterior parece moverse dando un machetazo. Hemos recolectado numerosos ejemplares de esta hermosa serpiente cuya coloración anterior (gris verdosa uniforme) es tan diferente de la posterior, (pardo oscura con manchas transversales) que uno siempre tiene la impresión de que se trata, en realidad, de dos serpientes.

A los suelos grisáceos venezolanos están bien adaptadas va-

Fig. 29. La Reinita es la más amistosa serpiente no ponzoñosa; en vez de morder, ella aplasta la parte anterior de su cuerpo como una Cobra, para asustar a sus enemigos

rias especies del género *Atractus*, cuyos representantes poseen una coloración pardo oscura con manchas irregulares.

La Reinita *(Leimadophis zweifeli)*, (fig. 29), está presente también en la Cordillera de la Costa, inclusive en las alturas de los alrededores de Caracas. Posee un hermoso traje de puntos negros y amarillos que le hace difícilmente visible entre la hierba. La Reinita es una de las más inofensivas criaturas entre las serpientes; nunca trata de morder y muy bien pudiera ser utilizado como animal doméstico para que los niños, jugando con ella, pierdan el miedo a las serpientes. Las culebras del género *Leimadophis*, en general se caracterizan por tener buen humor, dispuestas a entablar cierta amistad con el hombre.

Otra serie de especies colúbridas se han adaptado a la vida

Fig. 30. La Bejuca Oriental, con su verde colorido y perfil típico de su cabeza. No ponzoñosa

entre las ramas de los árboles y arbustos. La Bejuca *(Oxibelis aeneus)*, (fig. 2), ha ajustado su cuerpo con tal perfección que con todo derecho merece su nombre vernacular —Bejuca— ya que entre las ramas de un arbusto ella puede fácilmente representar un bejuco. Su cuerpo tiene su razón de ser en la maleza, pero es un poco más que inútil o, por lo menos, muy torpe cuando se encuentra en el suelo. La Bejuca es una colúbrida ligeramente ponzoñosa, distribuida en casi todo el país, hasta unos 2.000 metros de altura, siendo particularmente abundante entre los arbustos de las zonas costaneras más secas. La especie de Bejuca del Oriente del país *(Oxybellis fulgidus)* (fig. 30), se destaca por ser de bello color verde esmeralda.

Fig. 31. La Látigo se ha adaptado excelentemente a la vida entre las ramas de los árboles. No ponzoñosa

Fig. 32. A veces, los adultos de la Verdegallo Cazadora adquieren tonos negros y anaranjados. No ponzoñosa

La prima hermana de la Bejuca, llamada en algunas regiones La Látigo (*Imantodes cenchoa*) (fig. 31), es otra de las culebras que con su fino y delgado cuerpo se encuentra perfectamente bien adaptada a vivir entre las ramas de los árboles y arbustos. Su larga cola es tan fina que le da apariencia de un látigo, sobre todo cuando la serpiente se traslada entre las ramas arrastrando su «látigo». Ella vive en las partes altas de Venezuela. El doctor V. VARESCHI, botánico de la Escuela de Biología, Universidad Central de Venezuela, nos ha enviado más de un ejemplar de esta peculiar serpiente

Fig. 33. La posición defensiva de la Lora es abrir ampliamente la boca, sin morder. No ponzoñosa

colectada en su casa de Los Guayabitos, donde la serpiente es tenida como muy ponzoñosa debido, probablemente, a las manchas oscuras transversales de su coloración, algo similares a las de las Mapanares ponzoñosas.

La Verdegallo del Llano *(Chironius carinatus)* (fig. 32) es una de las más veloces especies colúbridas, que aprovecha excelentemente bien su cuerpo esbelto y la coloración verde para desaparecer como por milagro entre las hojas verdes de la vegetación. Conocida en Los Llanos y pie de monte, la Verdegallo es una serpiente que no desprecia, si se le da, ninguna oportunidad de tirar un mordisco. Más de una vez hemos sido mordidos por esta combativa especie con el resultado de numerosas pequeñas heridas, que sangran abundantemente, causadas por los afilados dientes, pero sin mayores consecuencias. Su hermana Verdegallo Montañera *(Chironius monticola)*, está distribuida en las montañas alrededor de Caracas, a unos 2.000 metros de altura, siendo abundante en El Junquito y Colonia Tovar. Se diferencia de la especie anterior por poseer una línea longitudinal negra sobre la cola. El traje verde de protección es utilizado también por la Lora *(Leptophis ahaetulla occidentalis)* (fig. 33).

B) MIMETIZANDO A LAS SERPIENTES PONZOÑOSAS

Cuando los niños desean sentirse importantes se ponen un traje de *Superman*, *Zorro* o algún otro héroe de su agrado; la gente adulta, para no sentirse perdida en este mundo, se agarra a una pipa o cigarrillo, utilizando lentes oscuros o un traje muy elegante, y hasta pone cara brava y seria (como la «gente importante») para inspirar respeto. Los jugadores de póker lo llaman «bluff». El mismo truco psicológico utilizan instintivamente un grupo de serpientes inofensivas vistiéndose o actuando como la «gente importante» del mundo ofídico: las serpientes ponzoñosas. El respeto que inspiran las últimas a todos sus probables enemigos, protege también a sus hermanas carentes de ponzoña, pero de coloración muy similar. Desafortunadamente, la muy complicada psicología de los hombres hace fracasar esta

Fig. 34. La Coral Macho es una serpiente no ponzoñosa

hábil táctica, ya que nosotros, sin poder diferenciar las unas de las otras, aplicamos el «plan de machete» a todas.

A) CORALES FALSAS

Existen numerosas especies que se asemejan a las Corales ponzoñosas; en otras palabras, poseen en su coloración algunas pintas de rojo-coral. Para el pueblo todas se llaman Coral, pero hay que distinguir el grupo de las Corales Falsas (representadas por culebras inofensivas) de las Corales ponzoñosas de la Familia *Elapidae*, sobre la cual hablaremos en un capítulo posterior.

Entre las Corales Falsas tenemos la Coral Macho *(Pseudoboa neuwiedi)*, (fig. 34), de un hermosísimo color rojo uniforme. A medida que el animal crece el color se pone menos rojo, hasta que en los ejemplares ya viejos el rojo está sustituido por un color sepia, acaso con un ligero subtono rojizo. Numerosas veces hemos tenido que enfrentar la errada creencia de que la

Coral Macho es el macho de las otras «corales hembras»; en realidad ella representa una especie aparte que tiene sus propios machos y hembras. La creencia, probablemente, se basa en el hecho de que entre otros animales, como aves, el macho se viste de colores más llamativos que las hembras, o sea, presenta el dimorfismo sexual, ausente en muchas serpientes.

Entre las Corales inofensivas tenemos en Venezuela la muy abundante Coral Falsa *(Erythrolamprus bizona)* (fig. 35), presente en toda la parte septentrional de Venezuela. En Maracaibo y en el Zulia en general se encuentra la Coral Mimética *(Erythrolamprus pseudocorallus)* que mimetiza a perfección una especie de Corales ponzoñosas que vive en las mismas regiones.

En los Andes de Mérida, está la Coral Falsa Andina *(Atractus ventrimaculatus)*, en tanto que en la Sierra de Perijá y Cordillera de la Costa tenemos el único representante suramericano

Fig. 35. La Coral Falsa, ligeramente ponzoñosa

Fig. 36. La Coral Falsa con sus huevos. No ponzoñosa

del género *Lampropeltis*, ampliamente distribuido en el Norte del Continente Americano. Se trata de la Coral Falsa Montañera *(Lampropeltis triangulum micropholis)*.

De las Corales Falsas quizás la especie más peculiar es la Coral India *(Oxyrhopus petola)*. Cuando joven, esta serpiente viste un traje de manchas negras y amarillas (o verdosas). A medida que el animal crece, las bandas verdes o amarillas se transforman en bandas rojas, de tal suerte que a veces podemos encontrar ejemplares cuyas bandas anteriores todavía son amarillo-verdosas, en tanto que las posteriores ya se han cambiado a rojo intenso (fig. 37). En los adultos existen solamente bandas transversales negras y rojo oscuro (fig. 36).

Fig. 37. Un joven ejemplar de la Coral Falsa

B) LAS VIBORAS FALSAS

Hay otro grupo de colúbridas que han adoptado la co-

Fig. 38. La Mapanare Falsa, ligeramente ponzoñosa

loración y aún la forma de víboras ponzoñosas, particularmente las de las Mapanares, Guayacanes y Cuatronarices: La cabeza triangular, pupila algo vertical, coloración de manchas transversales más oscuras sobre el dorso; y estas Mapanares Falsas no se distinguen en nada de sus parientes ponzoñosas.

La Tigra Sapa *(Xenodon severus)* (fig. 38) ampliamente distribuida en todo el país, ha logrado inspirar respeto a más de un enemigo, con su cuerpo corto y romo, cabeza triangular y coloración igual a la de las Mapanares, aunque se trata solamente de una especie poco ponzoñosa. Al género *Xenodon* pertenece también la Sapa Guayanesa (fig. 39), una especie rara, todavía no estudiada científicamente, coleccionada por el doctor J. STEYERMARK y el señor RABE, en una de sus expediciones a la región de Imataca, en la Guayana Venezolana.

Un grupo de se rpientes cuyo alimento principal son los caracoles y «sietecueros» son ubicadas científicamente en una subfamilia especial, *Dipsadinae*. Ellas han decidido que les quedaría bien el traje y la forma de las Mapanares. Las especies más comunes de este grupo son la Jardinera *(Sibon nebulatus)* y la Caracolera *(Dipsas variegata)*, las dos conocidas de las zonas húmedas y boscosas de la parte septentrional de

Fig. 39. Una Mapanare Falsa, de la Guayana Venezolana, no ponzoñosa

Venezuela. Otras especies del género *Dipsas* se encuentran en los Andes y la Amazonia Venezolana.

Fig. 40. La Llanera o Mapanare Falsa o Tigra del Llano, no ponzoñosa

Según nuestras investigaciones, en Los Llanos de Venezuela no se encuentra ninguna especie ponzoñosa que viva en los árboles, o sea, víbora arbórea. En una de sus giras por Espino, Estado Guárico, el doctor J. RACENIS, visitando la medicatura rural atendida en aquel entonces por la doctora KLISANS, tropezó con una serpiente grande que se escondió ágilmente en la copa de una palma moriche. Después de una intensa búsqueda lograron descubrir el reptil y matarlo. Los campesinos, al verla, inmediatamente afirmaron que se trataba de la «víbora más mala del Llano», llamada la Mapanare del Llano que, además de ser arbórea, alcanzó el respetable tamaño de un poco más de dos metros de longitud. Traída al Museo de Biología de la U. C. V., la Mapanare del Llano resultó ser una especie no venenosa que en otras regiones es llamada Tigra del Llano *(Dryadophis bifossatus striatus)* (fig. 40), y el temor que la gente tiene de esta serpiente arbórea se basa en su pinta de manchas dorsales transversales y su agresividad cuando es atrapada.

El doctor C. PEDRO TREBBAU (in Litt.) nos ha informado sobre sus observaciones con respecto de los prejuicios que los llaneros tienen contra las serpientes: «Aunque es bien sabido que para el pueblo casi todas las culebras son ponzoñosas, es casi imposible de convencer mediante demostraciones a las personas, de la inofensividad de alguna especie especial. Me refiero a la experiencia con La Mapanare del Llano y la Casera *(Leptodeira)*. La gente está convencida de que ellas tienen «la vista fuerte» o hasta «un pacto con el diablo», lo que, aparentemente, es más fácil creer que tratar de convencer de lo contrario».

La Casera *(Leptodeira annulata ashmeadi)* (fig. 41) es una especie terrestre, relativamente abundante en Los Llanos, como también en otras partes del país, al norte del Orinoco. El Sr. A. R. LANCINI, Director del Museo de Ciencias de Caracas, ha

Fig. 41. La Casera, a pesar de su apariencia, no es una especie muy ponzoñosa

Fig. 42. La Cazadora Dócil lleva un traje de líneas longitudinales, en tanto que su hijo lo tiene con bandas transversales y es llamada Tigrita. Esta especie inofensiva abunda en Caracas

descubierto recientemente otra especie del mismo género, la Casera de Occidente *(Leptodeira septentrionalis ornata)*, conocida en los Estados Occidentales de Venezuela, inclusive en el Estado Falcón. Estas dos especies de serpientes tienen una coloración gris parduzca, con manchas transversales dorsales más oscuras que les confieren un aspecto similar al de las Mapanares y Guayacanes. Además, ellas pertenecen al grupo de las culebras opistoglifas, que poseen una ponzoña débil aunque no son peligrosas para el hombre.

En realidad, hay tendencia de dividir las serpientes en dos grupos generales, según el nombre vulgar aplicado a ellas. Son *las Tigras*, representadas por especies cuya coloración general consta de manchas o bandas transversales oscuras y claras, y *las Cazadoras*, de coloración uniforme o de líneas oscuras longitudinales sobre el cuerpo. Las primeras, teniendo similar aspecto al de las víboras ponzoñosas, son frecuentemente confundidas con aquéllas, aunque las personas con mayor espíritu de observación logran diferenciar bastante bien las Tigras de las Mapanares ponzoñosas. Grupo especial son las Corales, ponzoñosas o no.

En el grupo de las Tigras está incluida la Ratonera *(Dryadophis pleei)*, una variedad que ha sido coleccionada recientemente por los miembros de la Escuela de Biología de la Universidad Central de Venezuela durante los estudios biológicos de la región de Paraguaná, Estado Falcón.

Un verdadero capricho de la Naturaleza está expresado en una especie inofensiva que es particularmente abundante en Caracas y alrededores. Se trata de la *Dryadophis boddaerti* (fig. 42) que en su fase juvenil es llamada Tigra por tener la clásica coloración de manchas transversales irregulares sobre el dorso. Sin embargo, al crecer el individuo, estas manchas se hacen gradualmente obsoletas hasta quedar sustituidas por un elegante color pardo grisáceo con dos líneas laterales longitudinales claras, o sea, el animal se transforma de Tigra a Cazadora, siendo su nombre cuando adulto Cazadora Dócil. De las serpientes que nos llegan al Museo de Biología para la identificación, de gente que las han encontrado en sus jardines de Caracas y alrededores, un 30 por 100 están representados por la Cazadora Dócil, sea en su forma juvenil o adulta.

C) OTRAS CARACTERISTICAS:

Aquellas serpientes que no poseen la coloración o aspecto mimético de sus parientes ponzoñosas muestran toda una serie de características que equivalen en calidad a la ponzoña o fuerza muscular.

Fig. 43. Aunque de aspecto temible y carácter agresivo la Tigra Cazadora no es ponzoñosa

Fig. 44. La Cazadora Amarilla es una veloz especie, no ponzoñosa

Las reacciones de amenaza y advertencia son unas de las armas de defensa. Por ejemplo, la Tigra Cazadora (*Spilotes pullatus pullatus*) (fig. 43), una hermosa especie de colores negros y amarillos irregulares, combina dos acciones de amenaza y advertencia: primero, puede inflar las tráqueas en la parte anterior del cuerpo, algo similar como las Cobras de la India, como para «crecer» en tamaño ante su adversario, y, segundo, vibrar rápidamente la cola, igual que la Cascabel. Aunque, desde luego, la Tigra Cazadora no posee maracas, las vibraciones rápidas de la cola, sobre todo en un medio ambiente de hojas y ramas secas, produce un sonido y movimiento para confundir al atacante, el cual tiene la impresión de que se trata de más de un contrincante.

La Tigra Cazadora crece hasta más de dos metros de largo y es una de las grandes colaboradoras del hombre para mantener en jaque a los roedores. La especie abunda en Caracas, como también en toda Venezuela en partes no muy altas.

Entre las grandes colúbridas se encuentran varias especies

Fig. 45. La Corredora en un momento de descanso. No ponzoñosa

que, además de ser muy veloces, tienen fuerza suficiente para estrangular su presa, igual que las boidas constrictoras. La Cazadora Amarilla *(Drymarchon corais corais)* (fig. 44) y la Corredora *(Coluber mentovarius suborbitalis)* (fig. 45), dos excelentes consumidoras de ratas y ratones, son ejemplos de este grupo de colúbridas.

Fig. 46. Tuquí de tres metros devorando a una Mapanare, que constituye su comida predilecta

La colúbrida más grande parece ser la Cazadora Negra o Tuquí *(Clelia cloelia cloelia)* (fig. 46), ya mencionada por su alimentación que consta de serpientes ponzoñosas. Un ejemplar recolectado por una expedición de la Escuela de Biología, de la Universidad Central de Venezuela, en la región de Perijá, Zulia, midió más de tres metros de largo total, lo que constituye el récord no solamente para esta especie, sino que la confirma como la más grande colúbrida no solamente del Nuevo Mundo, sino también del Mundo entero. Condicionada por su régimen alimenticio, la Tuquí encuéntrase en regiones donde viven las Mapanares; su distribución cubre las partes húmedas y altas de la Cordillera de la Costa, Zulia y las selvas del Orinoco.

Fig. 47. La Sabanera con huevos recién puestos. No ponzoñosa

La Sabanera *(Leimadophis melanotus)* (fig. 47), está relacionada con la Reinita, pero posee una coloración muy diferente: sus líneas longitudinales negras hacen difícil su observación cuando este pequeño reptil se encuentra en movimiento. La Sabanera está presente no solamente en Los Llanos, sino también en Caracas y en toda la parte septentrional de Venezuela.

Fig. 48. La Sapa, una serpiente acuática, poco venenosa (Helicops)

Por su traje de rayas negras

longitudinales, muy similar a la Sabanera es la Rayada *(Lygophis lineatus)* que abunda al sur del Orinoco, aunque no raras veces se encuentra también en las montañas septentrionales del país, inclusive el Alto Llano.

Varias especies del género *Leimadophis* están distribuidas en la Gran Sabana y Amazonas, junto con otro género muy afín *(Liophis,)* cuyas especies, igual que las del género anterior, son usualmente de menos de un metro de largo y completamente inofensivas.

RESUMEN DE LAS COLUBRIDAS

Familia Colubridae: Las culebras no venenosas o poco venenosas:

Distribuidas en todos los cinco continentes, abarcan unos 270 géneros, cerca de 40 de los cuales se encuentran en Venezuela. Como la clasificación es muy complicada, mencionaremos aquí sólo los géneros de las especies más conocidas, colocando entre paréntesis, detrás del nombre genérico, el número de especies que se encuentran en Venezuela:

Nombre Genérico	*Nombre Común*
1. Género *Atractus* (10)	
A. VENTRIMACULATUS	Coral Falsa Merideña
2. Género *Chironius* (3)	
C. CARINATUS'	Verdegallo
C. MONTICOLA	Verdegallo Montanera
3. Género *Clelia* (1)	
C. CLOELIA CLOELIA	Tuquí o Cazadora Negra
4. Género *Coluber* (2)	
C. MENTOVARIUS SUBORBITALIS	Corredora
5. Género *Dendrophidion* (1)	
D. PERCARINATUS	La Machete
6. Género *Dipsas* (4)	
D. VARIEGATA	La Caracolera
7. Género *Dryadophis* (4)	Cazadora Dócil (adulto)
D. BODDAERTI	Tigra (juvenil)
D. PLEEI	Ratonera
D. BIFOSSATUS STRIATUS	Tigra del Llano o Mapanare del Llano

Nombre Genérico	*Nombre Común*
8. Género *Drymarchon* (3)	
D. CORAIS CORAIS	Cazadora Amarilla
D. CORAIS MELANURUS	Cazadora Tornasol
9. Género *Drymobius* (1)	
D. RHOMBIFER	Manchada
10. Género *Erythrolamprus* (4)	
E. BIZONA	Coral Falsa
E. PSEUDOCORALLUS	Coral Mimética
11. Género *Helicops* (2)	Sapa
H. ANGULATA	Aguacero
12. Género *Hydrops* (1)	
H. TRIANGULARIS VENEZUELENSIS	Coral del Agua
13. Género *Imantodes* (1)	
I. CENCHOA CENCHOA	La Látigo
14. Género *Lampropeltis* (1)	
L. TRIANGULUM MICROPHOLIS	Coral Falsa Montañera
15. Género *Leimadophis* (5)	
L. ZWEIFELI	Reinita
L. MELANOTUS	Sabanera
16. Género *Leptodeira* (3)	
L. ANNULATA ASHMEADI	Casera
L. SEPTENTRIONALIS ORNATA	Casera del Occidente
17. Género *Leptophis* (3)	
L. AHAETULLA COERULEODORSUS	La Lora
18. Género *Liophis* (4)	
L. CANAIMA	La Oscura
L. TREBBAUI	Veladora
19. Género *Lygophis*	
L. Lineatus	Rayada
20. Género *Ninia* (1)	
N. ATRATA	La Viejita
21. Género *Oxybelis* (3)	
O. AENEUS AENEUS	Bejuca
O. FULGIDUS	Bejuca Verde
22. Género *Oxyrhopus* (3)	
O. PETOLA PETOLA	Coral India
23. Género *Philodryas* (2)	
P. CARBONELLI	Corredora Verde

Nombre Genérico	*Nombre Común*
24. Género *Pseudoboa* (2) P. NEUWIEDII NEUWIEDII	Coral Macho
25. Género *Phimophis* (2) P. GUIANENSIS	Minadora
26. Género *Pseustes* P. POECILONOTUS POLYLEPIS	Cazadora Amarilla
27. Género *Sibon* (1) S. NEBULATUS	Jardinera
28. Género *Spilotes* (1) S. PULLATUS PULLATUS	Tigra Cazadora
29. Género *Stenorhina* S. DEGENHARDTI OCELLATA	Lisa
30. Género *Tantilla* (3) T. MELANOCEPHALA	Tintera
31. Género *Thamnodynastes* T. STRIGILIS	Sapera
32. Género *Tripanurgos* (1) I. COMPRESSUS	La Comprimida
33. Género *Tropidodipsas* (1) T. PERIJANENSIS	Manchona Verde
34. Género *Xenodon* (2) X. SEVERUS	Tigra Sapa
35. Género *Urotheca* U. WILLIAMSI	La Sombrera

LAS SERPIENTES PONZOÑOSAS: LAS CORALES PONZOÑOSAS
(Familia Elapidae)

Frecuentemente, el encanto y la belleza en la Naturaleza encierran peligros poco sospechados. La selva tropical, por ejemplo, es una fuente inagotable de belleza y grandeza, pero penetrándola, uno descubre que esta belleza esconde también toda una serie de peligros mortales: tigres, arañas, escorpiones, hormigas gigantes, avispas, ciempiés y en las regiones más remotas, indios salvajes. En este grupo de peligros, dignos por su hermosura, se encuentran también las Corales ponzoñosas, ofreciendo deleite para los ojos observadores en forma de lindos colores, rojos, amarillo-verdosos y negros, siempre dispuestos en bandas transversales sobre su cuerpo.

La familia *Elapidae* es un grupo que incluye las serpientes más ponzoñosas del mundo, pero, afortunadamente, los representantes más peligrosos de ésta se encuentran en otras partes del Viejo Mundo, siendo particularmente «afortunado» el Continente Australiano, donde se hallan especies tales como el Taipán *(Oxyuranus scutellatus)*, la Serpiente Negra *(Pseudechis porphyriacus)*, llamada allá el *Black Snake*, el Death adder *(Acanthophis)*. La Cobra de la India *(Naja naja)* y la Cobra Real *(Ophiophagus hannah)* cuentan entre los dignos representantes de esta familia, que no tienen ninguna dificultad en matar al hombre con su poderosísima ponzoña.

Las especies del Nuevo Mundo han perdido mucho de la combatividad, tamaño y violencia de sus hermanas. Los hábitos de las Corales ponzoñosas de Venezuela son nocturnos o crepusculares, lo cual les hace difíciles de descubrir. Además, raras veces superan los 80 centímetros de tamaño. Las Corales son serpientes cilíndricas, cuya cabeza no se destaca del cuello. La boca es muy pequeña, con los dientes o colmillos de ponzoña relativamente cortos y dispuestos perpendicularmente a la comisura del labio. Su cuerpo está cubierto por anillos negros, rojos y amarillos, a veces verdosos, que cubren también el vientre. Las escamas que cubren la cabeza de las Corales ponzoñosas no se diferencian de las de las serpientes no ponzoñosas (familia *Colubridae)* excepto en que carecen de la escama loreal presente usualmente en las colúbridas.

Una de las preguntas más difíciles que nos ha sido formulada muy frecuentemente, es: ¿Cómo se diferencian las Corales ponzoñosas de las no ponzoñosas? Naturalmente un científico-herpetólogo puede con facilidad diferenciar estos dos grupos por medio de varias características morfológicas, pero los interesados en serpientes no poseen conocimientos muy profundos de tales características. Además, ya vimos en el capítulo anterior que varias especies de serpientes no ponzoñosas se dedican a mimetizar a sus hermanas ponzoñosas, lo que complica considerablemente nuestro problema.

Si una serpiente posee alguna coloración rojo-coral, el siguiente cuadro puede servirnos de guía para nuestro propósito de diferenciarla:

CARACTERES PRIMARIOS

CORALES PONZOÑOSAS	CORALES NO PONZOÑOSAS
Dientes grandes (colmillos) presentes en la parte anterior superior de la boca y dispuestos perpendicularmente a ella (fig. 15).	No hay colmillos sino una serie de dientes pequeños en la maxila superior.

CARACTERES SECUNDARIOS

CORALES PONZOÑOSAS	CORALES NO PONZOÑOSAS
La cabeza no se destaca del cuello (figura 50)	La cabeza se destaca del cuello o no.
Los anillos negros son completos, cubren también el vientre (fig. 49).	Los anillos negros completos o no.
La escama loreal está ausente.	La escama loreal está presente o ausente.
Posee siempre 15 hileras de escamas longitudinales sobre el dorso.	Posee 15 ó más hileras de escamas dorsales.
La coloración consta de anillos negros, rojos y blancos (o amarillo-verdosos) (fig. 50).	La coloración puede ser: *a)* todo el cuerpo rojo, *b)* anillos rojos y negros, o como en las Corales ponzoñosas.
Ojo pequeño usualmente	Ojo grande o pequeño.

La única característica diferencial (o primaria) es la presencia o ausencia de los colmillos, que en el caso de las especies ponzoñosas están presentes, inmóviles y en posición perpendicular, como los dientes humanos. Usualmente los colmillos son relativamente cortos y cubiertos por un pliegue protector, algo así como las encías de nuestros dientes; pero en el caso de las Corales, los colmillos están cubiertos casi totalmente por las «encías».

Entre las características secundarias hemos seleccionado varias, aunque ninguna caracteriza exclusivamente los dos grupos. Por ejemplo, en todas las Corales ponzoñosas, los anillos negros que cubren su cuerpo estarán completos, en tanto que entre las Corales no ponzoñosas habrá varias especies cuyos anillos negros también están completos; pero otras especies no los tendrán completos, o sea, estarán interrumpidos sobre el vientre. En otras palabras: una Coral ponzoñosa posee o debe poseer todas las características mencionadas a la izquierda del cuadro; empero, en las no ponzoñosas, siempre fallará una de ellas. Si una Coral posee 15 hileras de escamas dorsales y los anillos negros completos, pero su cabeza se destaca del cuello y tiene la escama pre-ocular, vemos que las primeras dos características son iguales a las de las Corales ponzoñosas, pero las otras dos no lo son; entonces, nuestro ejemplar representa una Coral no ponzoñosa, ya que no posee todas las características de las ponzoñosas. Fácil, ¿verdad?

En el lenguaje común todas las serpientes corales reciben el nombre de Coral, aunque en Venezuela tenemos representados dos géneros científicos: *Micrurus*, con 11 especies y *Leptomicrurus*, con una especie descubierta recientemente en las selvas guayanesas, al sur del Orinoco. Esta última, *Leptomicrurus collaris*, llamada la Negra, trae una confusión enorme, ya que, a pesar de pertenecer a la familia *Elapidae*, no tiene color rojo. Su coloración es negra uniforme arriba, con manchas verdeclaras transversales sobre el vientre y que llegan a cubrir también la parte lateral de la serpiente. No podemos reclamar a la Naturaleza esta excepción; somos nosotros quienes tratamos de imponerle alguna clasificación o sistematización.

La Coral Montañera *(Micrurus mipartitus semipartitus)*

Fig. 49. La Coral Montañera es la más peculiar especie ponzoñosa, ya que tiene pintas rojas sólo sobre la cabeza y la cola

(fig. 49), se encuentra en la Cordillera de la Costa, así como también en los Andes de Mérida; y más de un ejemplar hemos encontrado tambien en Caracas y sus alrededores. La Coral Montañera es única en varios aspectos: su coloración «coral» está representada solamente por una banda cefálica roja y de dos a cinco anillos rojos sobre la cola. El resto del cuerpo está cubierto por anillos negros y verde-amarillentos, sin parte roja alguna. Además, es la única especie de Corales ponzoñosas que tira a morder cuando es atrapada.

Recolectando animales en Rancho Grande, con el doctor RACENIS, en el año 1949, descubrimos una Coral Montañera que atravesaba lentamente la carretera. Con la malla de mariposas la apretamos contra el suelo y luego tratamos de meterla viva en un frasco. Para nuestra sorpresa la pequeña criaturita, a pesar de su apariencia inofensiva, resultó ser una mordedora muy viciosa, hundiendo sus dientes en la malla, en el mango de la malla y aun en el borde del frasco. Uno de los mordiscos en la malla se produjo dramáticamente entre los dedos del doctor RACENIS, sin tocarlos afortunadamente. Después de este incidente siempre hemos tratado a la Coral Montañera con el mayor respeto.

Otra de las especies comunes que se encuentra distribuida en toda la parte septentrional de Venezuela hasta el Río Orinoco e inclusive en Caracas, es la Coral Norteña *(Micrurus isozonus)* (fig. 50). Una característica de ella es que sus anillos

Fig. 50. **La Coral Norteña tiene un veneno muy potente**

negros están dispuestos de tres en tres, y cada uno de éstos está separado del próximo por un anillo rojo.

La Coral Morada *(Micruruspsyches)* tiene los anillos rojos tan oscurecidos que son más bien morados. Se distribuye en la Guayana Venezolana.

Entre las Corales ponzoñosas que habitan en Los Llanos de Venezuela, hasta Maracaibo, Estado Zulia, se encuentra la Coral Llanera, *(Micrurus dissoleucus)* (fig. 51), muy similar a la Coral Norteña, pero diferenciada de aquélla por poseer el primer trío de anillos (detrás de la cabeza) reducido a un solo anillo negro.

Fig. 51. **La Coral Llanera, con veneno muy potente, abunda en Los Llanos y en el Zulia**

Las demás especies son más raras y ocupan en su distribución regiones más remotas. En el Sur de Venezuela, se encuentran *Micrurus surinamensis nattereri. M. hemprichii, M. spixii obscurus*, en tanto que en el Estado Sucre tenemos la *M. circinalis* y en Monagas y Bolívar se encuentra la *M. lemniscatus diutius*, todas llamadas Coral por los habitantes de las zonas en que viven.

LAS SERPIENTES PONZOÑOSAS: LAS VIBORAS PONZOÑOSAS

(Familia Viperidae)

Nuestro recorrido por el reino de las serpientes termina con la Familia de las Víboras, las serpientes ponzoñosas que producen cerca del 100 por 100 de los accidentes causados por serpientes.

El grupo general de las víboras está usualmente dividido en dos subfamilias: las víboras verdaderas, ubicadas en la subfamilia *Viperinae*, son conocidas solamente en el Viejo Mundo, donde ha desarrollado gran diversidad; entre las más temibles y viciosas hay que mencionar la Víbora de Gabón *(Bitis gabonica)*, las Víboras Minadoras *(Atractaspis)*, y la Víbora Europea *(Vipera berus)*. En el Nuevo Mundo se encuentra la subfamilia *Crotalinae*, que se caracteriza por tener una foseta loral situada entre el ojo y la abertura nasal (ver fig. 11). A este hecho se debe uno de los nombres vernaculares *(Cuatronariz)* que se da a las Mapanares, ya que las dos fosetas a cada lado de la cabeza sugieren, falsamante, la presencia de cuatro narices. Las víboras con foseta loreal están divididas en seis géneros, de los cuales *Crotalus* y *Sistrutus* representan a las Cascabeles, y *Bothrops, Lachesis, Agkistrodon y Trimeresurus*, a las Víboras, siendo el último género el único que se conoce del Asia.

Excepto la Cuaima Piña, las demás especies son de talla mediana o pequeña. Todo su dorso está cubierto por escamas aquilladas o carenadas de tal suerte, que ellas nunca poseen un escamado liso y brillante, como es el caso con las *boidas* y la mayoría de las *colúbridas*. Las quillas les confieren un aspecto aterciopelado, hecho que ha sido expresado en otro de los nombres vernaculares *(Terciopelo)* con el cual han sido designadas varias víboras en Venezuela. La cabeza de ellas es triangular, cubierta por numerosas escamas pequeñas y destacada del cuello, en tanto que la cola es bastante corta. Todas las víboras son animales predominantemente nocturnos, indicado también por la presencia de una pupila vertical, y todas las especies venezolanas, excepto una, la Cejuda *(Bothrops schlegeli)*, son terrestres. Su alimento principal está formado por pequeños mamíferos: ratas, ratones y otros animales más bien dañinos para el agricultor. Ocasionalmente, su dieta puede incluir también algunas aves y, como ya hemos mencionado en el capítulo sobre la alimentación, los juveniles de varias especies comen ranas y sapitos.

Hablando sobre las víboras ponzoñosas, la pregunta que más importancia tiene para todos es: ¿Cómo se puede diferenciar una serpiente ponzoñosa de la no ponzoñosa?

Afortunadamente, en el caso de las víboras, existen varias características que se pueden utilizar para contestar esta pregunta, aunque la diferencia no es tan simple como entre el blanco y el negro. Como en el caso de las Corales, acudiremos a un cuadro comparativo, señalando varias características para diferenciar las serpientes «buenas» de las «malas».

CUADRO PARA DIFERENCIAR LAS VIBORAS VENENOSAS DE LAS SERPIENTES NO VENENOSAS

CARACTERÍSTICAS	VÍBORAS VENENOSAS	SERPIENTES NO VENENOSAS
PRIMARIAS:		
1. COLMILLOS VENENOSOS (dentición Solenoglifa)	presentes (fig. 15 y 56)	ausentes (fig. 12)
2. Foseta loreal termorreceptora	presente (fig. 11)	ausente (fig. 9)
SECUNDARIAS:		
3. Cabeza	triangular (fig. 61)	triangular o no
4. Pupila	vertical (fig. 11)	vertical o no
5. Cola	Termina bruscamente	termina brusca o imperceptiblemente
6. Escamas	aquilladas (fig. 59. F)	aquilladas o no

En realidad, no es fácil observar las dos características primarias de las víboras, ya que para hacerlo se necesita abrir la boca de la serpiente para averiguar la presencia o ausencia de los colmillos. Tampoco es fácil cerciorarse sobre la presencia de la foseta lacrimal o loreal, o sea la condición de las «cuatro narices» en las víboras; pero una vez muerto el animal se le puede examinar su cabeza con un palito.

Usualmente, existe la convicción de que una cabeza trian gular o pupila vertical es un indicio claro de que se trata de una especie ponzoñosa. Infortunadamente, como lo indica el cuadro, estas características morfológicas no son pruebas definitivas debido a que entre las serpientes no ponzoñosas, como las boidas, encontramos que todas las especies poseen cabeza muy triangular y, por sus hábitos netamente nocturnos, poseen también una pupila vertical. La diferencia entre las boidas y las víboras ponzoñosas es que las últimas poseen las escamas aquilladas, en tanto que las primeras siempre las tienen lisas. Pero para complicar el cuadro (o la vida de las serpientes), existen colúbridas inofensivas con un escamado distintamente aquillado. En resumen, en las víboras no fallará ninguna de las características mencionadas en el cuadro, en tanto que entre las ponzoñosas pueden aparecer una o más características similares a las de las víboras, pero nunca todas.

Suramérica ha sido «bendita» con la presencia de tres géneros de víboras y, para hacer de Venezuela un digno país suramericano, los tres géneros se encuentran representados también aquí. Aparte de otras características, se las puede diferenciar con relativa facilidad observando la punta de su cola según se resume en el siguiente cuadro:

GÉNERO	CARACTERES DE LA COLA	ESQUEMA
CROTALUS (las Cascabeles)	La cola termina en una estructura llamada cascabel o maraca.	Fig. 52 A
LACHESIS (la Cuaima Piña o Concha Piña; «Bushmaster»)	Las subcaudales están en pares, pero en la punta de la cola ellas se dividen en cuatro.	Fig. 52 B
BOTHROPS (las Mapanares, Guayacanes, Terciopelo, Rabo de Candela, etc. «Fer-de-Lanee»)	Las subcaudales están en pares o enteras, sin estructuras especiales en la cola.	Fig. 52 C

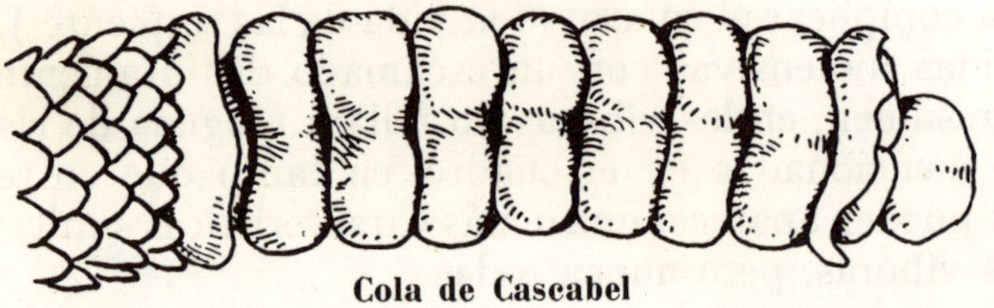

Fig. 52 - A

Cola de Cascabel

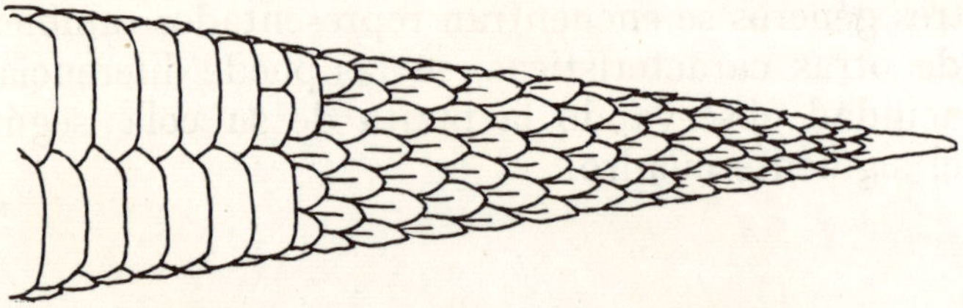

Fig. 52 - B

Cola de Cuaima Piña o Concha Piña

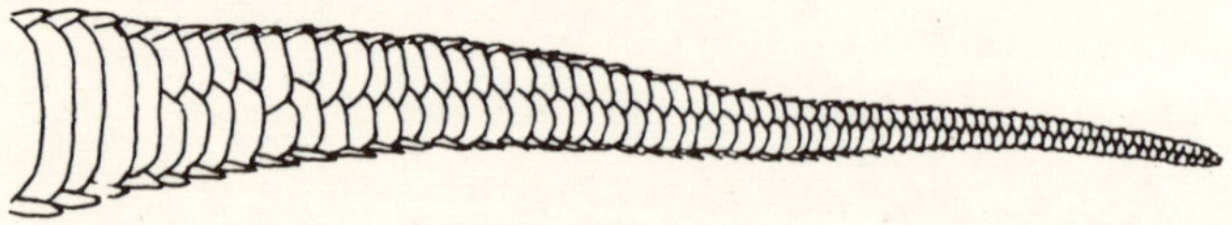

Fig. 52 - C

Cola de Mapanare, Terciopelo, Rabo de Candela, etc.

A) LAS CASCABELES

Los reptiles de este grupo son conocidos como «los caballeros» entre las víboras, porque antes de aplicar su picadura mortal a sus enemigos ofensivos, inclusive al hombre, ellos casi siempre hacen sonar sus cascabeles para advertir sobre su presencia. Esto resulta un ahorro de energía porque, frecuentemente, la Cascabel logra ahuyentar a su enemigo evitando así un encuentro violento y muchas veces innecesario que pudiera resultar fatal tanto para su atacante como para la Cascabel.

La formación de los cascabeles es otra curiosidad de la Naturaleza. Como sabemos, las serpientes mudan su piel regularmente y así lo hace también la Cascabel; pero en vez de deshacerse de la muda, una parte de ella queda fijada en la punta de la

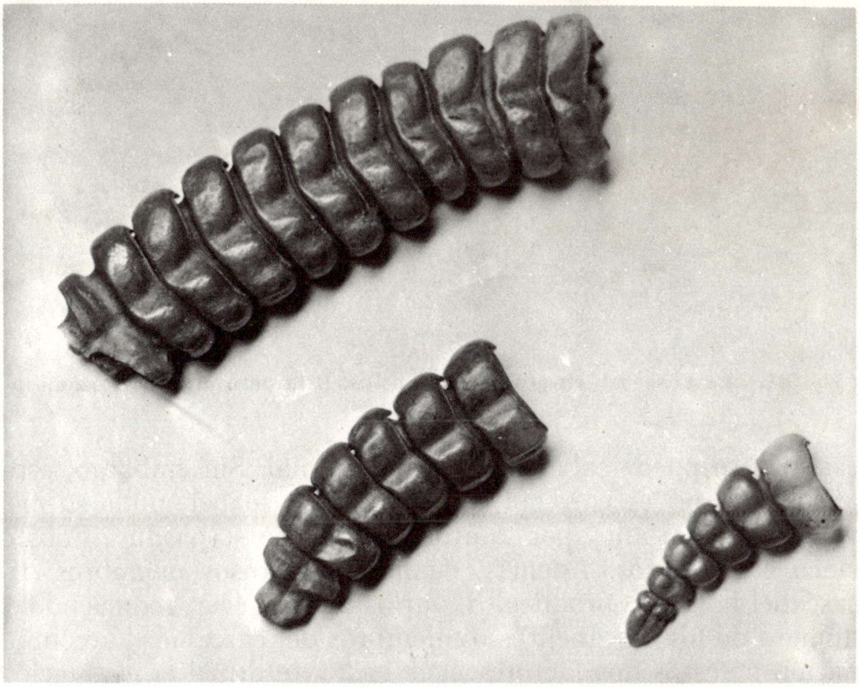

Fig. 53. Apéndices córneos de la punta de la Cascabel

cola, formando un nuevo miembro del cascabel de la serpiente (fig. 53). Existe la creencia de que contando los miembros del

Fig. 54. La Cascabel en posición defensiva, lista para atacar. Ponzoñosa

cascabel se puede saber la edad del animal. Sin embargo, esta afirmación no es correcta, porque una Cascabel muda su piel varias veces al año; por tanto en un año se producen dos o cinco cascabelitos. Además, cuando numerosos miembros del cascabel han sido producidos, varios pueden caer, reduciendo el número de los cascabelitos o miembros del cascabel. La combinación de estos dos factores hace bastante difícil la evaluación de la edad de una Cascabel. Sea como sea, con muchos o pocos cascabeles, ellas siempre son un peligro potencial para el hombre debido a sus potentes colmillos venenosos.

El tamaño de la Cascabel no es muy grande. Ejemplares

normales pueden llegar a medir hasta un metro o menos. Pocos ejemplares alcanzarán metro y medio, en tanto que serán contadas las Cascabeles cuyo largo llega cerca de dos metros. El ejemplar más grande que hemos podido examinar en cautiverio se encuentra en el Serpentario del Instituto de Medicina Tropical de la Universidad Central, bajo el cuidado del doctor F. PIFANO, con un largo de cerca de dos metros. El crecimiento de las Cascabeles está expresado más bien en el diámetro de su cuerpo: un ejemplar de un metro de largo puede tener diez centímetros de diámetro en la parte más ancha del cuerpo. Esta característica no les permite desarrollar gran velocidad ni agilidad en los movimientos, excepto, quizás, al tirar a morder.

Fig. 55. Dos Cascabeles comunes mostrando coloración diferente

Hasta el presente se conocen en Venezuela dos especies de Cascabeles, siendo la más abundante la Cascabel Común *(Crotalus durissus terrificus)* (figs. 54 y 55), conocida en las partes más secas y bajas en toda la Venezuela septentrional, empezando por el Zulia, pasando por los Estados de Falcón y Lara, y siguiendo hasta el Estado Sucre, inclusive isla Margarita. La Cascabel Común abunda también en Los Llanos y en las partes menos húmedas alrededor del Orinoco. Se la conoce también en Caracas, lo cual es una excepción que vale la pena discutir. Por su humedad y altura, la Cordillera de la Costa está «protegida» contra las Cascabeles en general. Pero ellas aprovechan las amplias carreteras abiertas recientemente en diferentes direcciones para migrar a lo largo de ellas, ya que las carreteras son como unos canales secos y calurosos que penetran y seccionan las zonas más húmedas y boscosas. El cemento o asfalto se calienta mucho más que la vegetación normal y las Cascabeles, subiendo desde las zonas secas de la costa, encontraron que el hombre ha transformado todo el Valle de Caracas y sus alrededores en una gran extensión semidesértica, mucho más árida y seca que los otros valles de la Cordillera de la Costa en igual altura. Así, ayudadas por el hombre, sobre todo en las colinas peladas por las modernas máquinas de construcción (¿o destrucción?), las Cascabeles han establecido varias poblaciones, cuyos miembros, de vez en cuando, tropiezan con los caraqueños, causando más de un accidente o, en el mejor de los casos, un buen susto.

El proceso de migración de las Cascabeles se puede observar en menor escala en el Jardín Botánico de la Universidad Central de Venezuela, en la Ciudad Universitaria, en Caracas. En el jardín hay numerosas Cascabeles; tres de los hermosos ejemplares depositados en el Museo de Biología de la Universidad Central, provienen, precisamente, del Jardín Botánico. Como advertencia, el doctor T. LASSER, Director del Jardín Botánico, fue obligado a colocar en el jardín varios letreros advirtiendo sobre el peligro de las Cascabeles. En el centro del jardín se encuentra un cerro con relativamente escasa vegetación, en tanto que al pie del cerro hay una zona boscosa con abundante sombra y humedad. Durante la estación lluviosa las Cascabeles se encuentran concentradas en la parte alta del cerro, donde el sol seca rápido toda humedad y es más abierto y caluroso. En los meses secos de febrero-abril, cuando la franja boscosa está también bastante seca, por ausencia total de lluvias, las Cascabeles bajan del cerro y la invaden, para retirarse con las primeras lluvias otra vez hacia las zonas más elevadas y secas.

Afortunadamente, la Cascabel es un animal nocturno que sale de su escondite solamente al atardecer. Durante una expedición a la isla Margarita, en la parte de Macanao, caminamos con el Hermano GINÉS todo el día sin encontrar serpiente alguna. Pero un poco antes de oscurecer, en una región árida

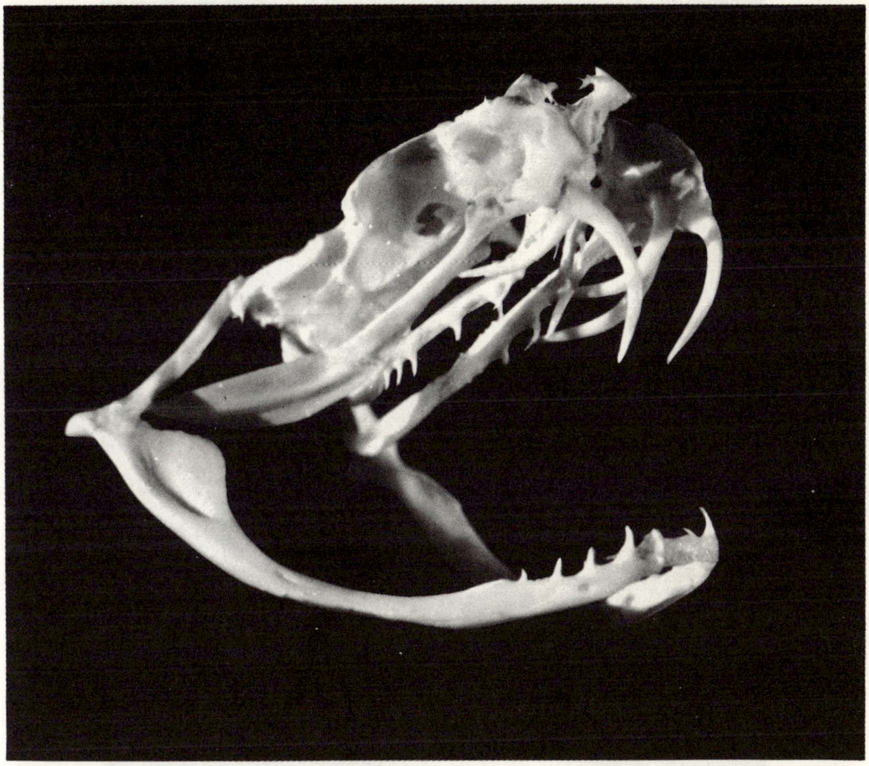

Fig, 56. Cráneo de una Cascabel con colmillos extendidos y colmillos de «reserva»

de cujíes y cardones, logramos capturar dos Cascabeles y varias otras serpientes.

Por la presencia de las maracas o cascabeles, la Cascabel es la serpiente ponzoñosa más fácil de reconocer. Hay personas que coleccionan los cascabeles; más de una vez nos han sido enseñados frascos llenos de cascabeles de varios tamaños y formas. El sonido agudo y continuo está producido por la vibración rápida de la cola levantada, sobre todo cuando la víbora ha asumido su posición favorita de defensa: todo el cuerpo enrollado, con la cabeza «armada» y la punta de la cola levantada, con el cascabel. Sin embargo, lo peligroso es su aparato venenoso (figs. 56 y 57), formado por colmillos muy fuertes.

Otra especie del grupo de cascabeles es la Cascabel de Monagas *(Crotalus vegrandis)* (fig. 58) que se encuentra sólo en el Oriente del país, particularmente en el Estado Monagas, donde

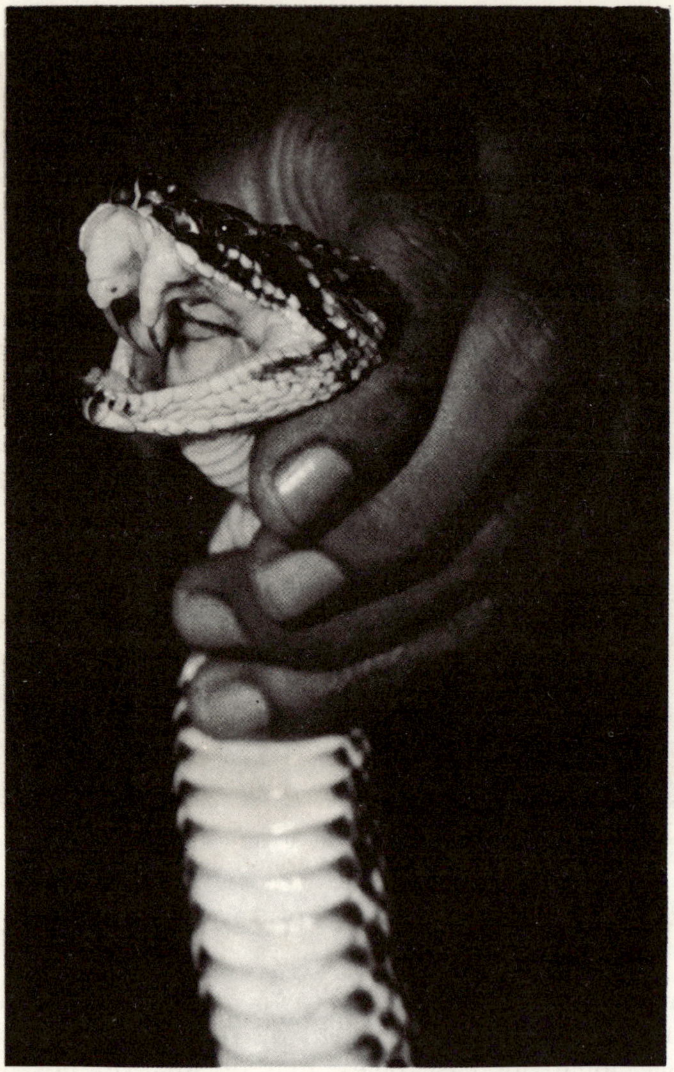

Fig. 57. Los colmillos de Cascabel, extendidos y cubiertos por un pliegue

fue descubierta recientemente. Es una especie poco conocida, ya que hasta el presente han sido recoleccionados sólo unos 50 ejemplares que forman la base de una importante investigación que está haciendo el señor RAMÓN LANCINI, del Museo de Ciencias Naturales de Caracas. El tipo original de esta especie está depositado en el *Museo de Carnegie*, en Pittsburgh, en los EE. UU. de Norteamérica, donde lo guardan como un gran tesoro.

Fig. 58. De la muy rara Cascabel Monaguesa se conocen tan solo algunos de los 50 ejemplares que hay en todo el mundo (foto Ch. Ventrillon)

B) LAS VIBORAS

Este grupo de serpientes abarca los dos restantes géneros ponzoñosos, de los cuales el género *Bothrops* incluye a la especie más común en Venezuela, designada con el nombre científico de *Bothrops colombiensis* (fig. 59). Ella, sin embargo, lleva distintos nombres vernaculares en las diferentes regiones del país: Mapanare, Guayacán (Zulia), Macaurel (Costa septentrional), Cuatronariz, Terciopelo (Occidente), Macagua y varios otros más. Su distribución es bastante amplia y cubre toda la parte

59 - A
Cascabel

59 - B
Mapanare

59 - C
Tigra Mariposa

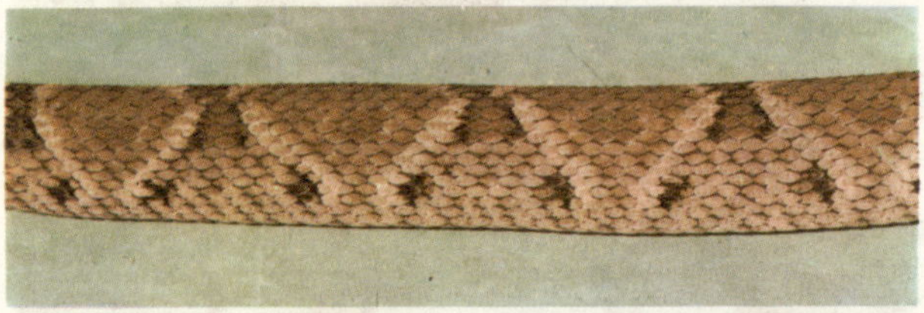

59 - D
Tigra Mariposa

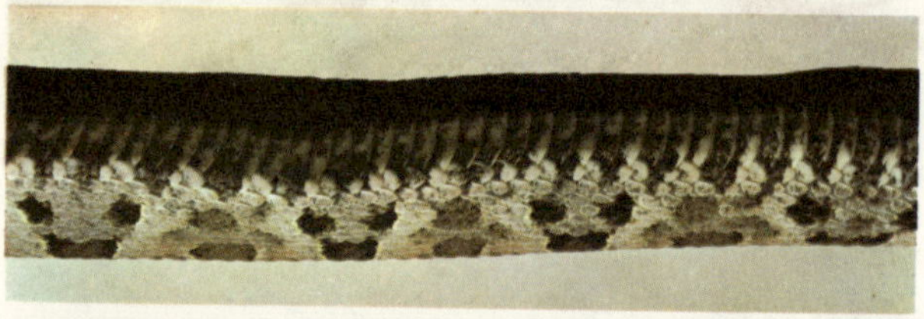

59 - E
Tigra Mariposa

59 - F
Tigra Mariposa

Las coloraciones típicas de las víboras más conocidas de Venezuela.

Fig. 60. La Mapanare causa numerosos accidentes mortales en Venezuela (Bothrops Colombiensis)

septentrional de Venezuela, particularmente en las regiones agrícolas y boscosas, desde el Estado Zulia hasta los Estados orientales de Sucre y Monagas. Se la encuentra también al sur del Orinoco. Por las carreteras de la Cordillera de la Costa, esta especie ha llegado bastante alto, aunque está ausente en mayores alturas. Tampoco se la encuentra en las regiones secas cerca de la costa del Caribe, ni en Los Llanos propiamente dichos, aunque sí al pie del monte alrededor de Los Llanos. Ella es particularmente abundante en los alrededores de Maracaibo y Barlovento, en el Valle de Aragua y Valle de Caracas, como también en el litoral central. El Padre CORNELIUS VOGL, benedictino, quien ha recolectado numerosos ejemplares de la fauna venezolana, nos envió nueve ejemplares de la Mapanare o Macaurel provenientes de los alrededores de Camurí Chico, cerca de Macuto, Distrito Federal, recolectados en un lapso relativamente corto.

En la maleza o «monte», donde los campesinos abren sus conucos, la Mapanare es la víbora que les sorprende frecuentemente con una mordedura fatal. Una de las maneras más fáciles de colectarlas es pasear de noche con una linterna de mano por los campos agrícolas, antes de que la siembra crezca.

Un hecho peculiar con el Guayacán o Mapanare es que ella rechaza frecuentemente comida en cautiverio, sobre todo cuando ha sido exportada a jardines zoológicos de otros países. De tratarse de seres humanos se pudiera hablar de un patriotismo extraordinario. Existen numerosas especies de serpientes que, enjauladas, rechazan la comida ofrecida, por lo menos al principio, pero la Mapanare lo lleva a su extremo: prefiere morir de hambre, pero no comerá.

El tamaño de esta especie puede alcanzar dimensiones considerables. Mientras los ejemplares usualmente llegan a tener un largo de metro y medio, aparecen ocasionalmente ejemplares con dos metros de largo y más. Hace varios años, cerca de Rancho Grande, se encontró un animal de alrededor de tres metros de largo, lo cual constituye un verdadero récord. El ejemplar está expuesto en el Museo del Parque Nacional «Henri Pittier», de Rancho Grande.

En los serpentarios donde se crían las serpientes para la extracción de ponzoña, la Mapanare goza de una fama de ser particularmente viciosa y de malos modales. Uno nunca sabe cuándo la víbora está realmente inactiva y cuándo pretende estar durmiendo. A veces uno hace muchos movimientos cerca de ella sin observar reacción alguna por parte de la serpiente, pero, cuando menos se espera, ella intenta un ataque sorpresivo. Creemos que, precisamente a este carácter voluble de la Mapanare, se deben los numerosos accidentes mortales causados por ella. En resumen, la Mapanare o Guayacán, aunque no es la más grande ni la más ponzoñosa víbora venezolana, constituye un peligro constante para todos los habitantes en la zona donde ella abunda.

En las regiones más secas de Venezuela, sobre todo en los cujizales y cardonales de la costa septentrional del Caribe, inclusive la isla Margarita, está presente la Rabo Amarillo *(Bothrops lansbergii)*, llamada Mapanare del Monte en la isla Margarita, Cuatronariz o Talla Equis, Saltona o Sapa en el Occidente. Parece que su distribución se extiende también a los Estados occidentales de Trujillo, Portuguesa y Barinas, hasta los Estados Sucre y Monagas. Aunque de dimensiones menores, esta especie puede matar con su ponzoña a animales mayores, sin excluir al hombre. La Rabo Amarillo, a veces también llamada Rabo de Candela, deriva su nombre vernacular del hecho de que la punta inferior de la cola tiene un color amarillo anaranjado. Aunque varias especies de este grupo de víboras poseen la punta de la cola algo amarillenta o anaranjada, la Rabo Amarillo la tiene bastante pronunciada y retiene el color amarillento también en los primeros años de su estado adulto. Cuando la cola de esta especie está pintada de un color anaranjado intenso se la llama Rabo de Candela, indicando esta similitud de coloración con la de la candela que quema, las regiones donde ella mora. Otra creencia relacionada con la coloración de la cola es que se cree que la Rabo Amarillo guarda su ponzoña en la punta de la cola, donde, precisamente, aparece la coloración rojiza. Desde luego, la Rabo Amarillo, como todas las serpientes ponzoñosas, posee su glándula de ponzoña situada en la maxila superior de la cabeza; por tanto, esta creencia es equivocada. Es muy posible que la coloración de la cola se deba al dimorfismo sexual de esta especie.

El aspecto de la Rabo Amarillo es bastante temible: la cabeza triangular lleva la punta del hocico vuelta algo hacia arriba, como un pequeño cuernito, en tanto que el cuerpo está cubierto por bandas transversales oscuras, siendo las oscuras casi como rectángulos. En un ejemplar que nos envió recientemente el doctor A. RUFF, Superintendente de la Orinoco Mining Co., y proveniente de la isla Margarita, las manchas claras transversales eran de un color crema, casi blanco, que le daba un aspecto particularmente hermoso. No es imposible que la población de la Mapanare del Monte, de la isla Margarita, represente una subespecie diferente de la de tierra firme.

Gracias a las investigaciones del doctor F. PIFANO y sus colaboradores, se descubrió en el Estado Táchira una especie ponzoñosa arbórea, la Mapanare Cejuda *(Bothrops schlegelii)*. Su característica más resaltante es la presencia de varias pequeñas púas o espinas formadas por las escamas sobre el ojo y dirigidas hacia arriba. Su coloración es verde olivo, a veces con manchas irregulares oscuras dorsales, bien adaptadas al follaje en que ellas se encuentran usualmente. La Mapanare Cejuda está distribuida, no solamente en el occidente de Venezuela, sino también en amplias regiones, desde México y toda la Amé-

Fig. 61. La Tigra Mariposa en su ambiente natural. Muy ponzoñosa (Bothrops Venezuelensis)

rica Central hasta el Ecuador. Lo peligroso de esta especie son sus costumbres arbóreas, ya que puede ocasionar mordidas en la cabeza, hombros y manos del hombre, produciendo accidentes mucho más graves que los de las especies terrestres. Afortunadamente, la Mapanare Cejuda parece ser una especie poco frecuente en el país, aunque, probablemente, la encontraremos en toda la zona al sur del Lago de Maracaibo hasta el Estado Táchira.

En las alturas alrededor de Caracas —El Junquito y el Avila— en la Cordillera de la Costa Central, se encuentran dos especies de víboras ponzoñosas, todas llamadas por el pueblo Tigra Mariposa; ellas son *Bothrops medusa* y *Bothrops venezuelensis* (fig. 61). La primera fue descubierta por el herpetólogo alemán STERNFELD, hace unos 40 años, en tanto que la segunda fue descrita hace pocos años por el doctor F. SANDNER M., completándose así el conocimiento de las víboras alrededor de Caracas y en sus montañas. Las dos especies se encuentran en la Cordillera de la Costa; sin embargo, la Tigra Mariposa Medusa *(B. medusa)* (fig.62), abunda más en El Junquito, alrededor de la Colonia Tovar y Borburata, en el Estado Carabobo. La Tigra Mariposa de Venezuela *(B. venezuelensis)* ha sido hallada en toda la región de la Cordillera Central, desde los Estados Aragua

Fig. 62. La Mapanare Medusa con su peculiar coloración. Ponzoñosa (Bothrops Medusa)

y Carabobo hasta el Pico Naiguatá, en el Estado Miranda y últimamente en los Andes y en el oriente del país. Superficialmente, las dos especies son algo similares entre sí; de ahí que la gente las han confundido bajo el mismo nombre vernacular. Ellas son de un color gris verduzco muy oscuro, con manchas irregulares transversales más claras sobre el dorso. El vientre, a diferencia de la Mapanare, es con manchas casi negras que, a veces, fusionan, produciendo un color negro casi uniforme sobre el vientre. Su tamaño es más bien pequeño; raras veces llegan a un metro o más de largo. Su coloración irregular está excelentemente adaptada al medio ambiente de las montañas, donde la humedad y el follaje verde permite crecimiento de musgo y algas sobre las piedras y troncos caídos, donde las Tigras Mariposas están «en su casa». En dos ocasiones hemos comprobado la perfección de la coloración de la Tigra Mariposa de Venezuela, que abunda particularmente en las quebradas que bajan del Cerro Avila, cerca de Galipán. En una excursión ecológica con los estudiantes de Biología de la Universidad Central de Venezuela, fuimos a estudiar el comportamiento territorial del Sapito Montañero. Una vez distribuidos los alumnos a lo largo de un riachuelo, el autor estaba bajando lentamente y hablando con cada uno de los alumnos en sus puestos de observación; ellos estaban sentados para efectuar su labor en silencio. Al llegar al puesto donde estaba sentada la Licenciada ELVIRA FERRAZ, el autor descubrió que, debajo de los pies doblados de la muchacha, se encontraba una Tigra Mariposa de Venezuela. Afortunadamente era mediodía, y la víbora estaba en su período de inactividad, en tanto que la Licda. FERRAZ tampoco estaba moviéndose en su puesto, lo cual ayudó al autor a acercarse y atrapar a la Tigra Mariposa, no sin advertir a la muchacha de no moverse por estar sentada prácticamente sobre una serpiente ponzoñosa.

Dos años más tarde, paseando por casi el mismo lugar con el doctor C. PEDRO TREBBAU, su señora madre y la esposa del autor, descubrimos enrollada otra víbora de la misma especie. Sin espantarla, se preguntó a las dos señoras si veían a la serpiente. Ellas dos estaban apenas a dos metros de distancia de la serpiente y a pesar de que estaban advertidas sobre la presencia de la Tigra Mariposa, pasaron unos cinco minutos de

Fig. 63. La Bothrops Bilineatus.

búsqueda ocular intensa hasta que por fin las señoras descubrieron el reptil enrollado cómodamente entre las piedras grisverdosas de un color igual que su traje. Con este camuflaje excelente pueden producirse numerosos accidentes. Los dos casos relatados deberían ser una advertencia seria a todas las personas a quienes les gusta pasear por las montañas alrededor de Caracas.

Según parece, la ponzoña de estas dos especies es la más potente de todas las víboras venezolanas.

En las distantes montañas de la Guayana Venezolana llamadas «los Tepuíes», particularmente en la zona de Chimantá-Torono-Tepui, hace pocos años fue descubierta para la ciencia una nueva especie de víbora, la Mapanare Liquenosa *(Bothrops lichenosus)* cuyo nombre fue derivado de la peculiar coloración de esta serpiente que se asemeja considerablemente a una piedra cubierta por líquenes (una planta simbiótica de algas y hongos) que cubre las rocas y piedras de aquella región. Esta especie fue recoleccionada por el botánico doctor JULIÁN STEYERMARK y el único ejemplar conocido hasta el presente fue estudiado y descrito por el autor.

Para completar nuestro cuadro de Mapanares ponzoñosas, tenemos que mencionar dos especies poco conocidas: la Mapanare Rayada *(Bothrops bilineatus)* (fig. 63), de un color verde esmeralda con dos líneas longitudinales amarillas que corren paralelas al vientre, y la Mapanare Amazónica *(Bothrops neglectus)*, de un color muy similar a la Mapanare Común. Se conoce muy poco acerca de sus costumbres.

C) LA CUAIMA PIÑA

La única especie de este grupo lleva los nombres comunes de Cuaima Piña, Concha Piña o, simplemente, Cuaima *(Lachesis muta)* (fig. 64). Ella es la víbora ponzoñosa más grande del Nuevo Mundo; su tamaño pasa frecuentemente de los tres metros de largo, con lo cual la Cuaima es un digno rival de la serpiente ponzoñosa asiática más grande, la Cobra Real, cuyo tamaño es igual o más largo aún, llegando a veces a los cinco metros.

Su distribución en Venezuela cubre la Amazonia y la Guayana, así como también los Estados Monagas, Anzoátegui, Delta Amacuro y Sucre, al norte del río Orinoco. Ella abunda también en la isla de Trinidad. Además de su tamaño, varias características la hacen muy interesante y aberrante dentro del grupo de las víboras. Primero, la Cuaima es la única vipérida del Nuevo Mundo que es ovípara, o sea, pone huevos como las colúbridas, y no pare embriones ya formados como las Mapanares y Cascabeles. Las numerosas escamas en la punta de la cola, dispuestas de cuatro en cuatro, es otra característica única entre las serpientes. El nombre Cuaima Piña o Concha Piña alude al hecho de que las grandes escamas que cubren su cuerpo poseen una quilla muy gruesa y la impresión general es similar a la de una concha de piña.

Como la Cuaima vive en regiones donde la población es menos densa, la gente ha tenido poco contacto con ella, aunque existen muchas leyendas y exageraciones en relación con este reptil.

Fig. 64. La más grande víbora ponzoñosa del Nuevo Mundo, la Cuaima Piña o Concha Piña o Bushmaster

RESUMEN DE LAS VIBORAS DE VENEZUELA

Familia Viperidae - Las víboras ponzoñosas.

Distribución: Europa, Asia y Africa, menos Madagascar. En el Nuevo Mundo ellas se encuentran desde Canadá hasta el Norte de Argentina, y en las Antillas Menores. Ningún vipérido vive en Australia.

Se divide en dos subfamilias:

A. *Viperinae* - Las víboras verdaderas que carecen de foseta lacrimal o loreal, y están presentes sólo en el Viejo Mundo.

B. *Crotalinae* - Las víboras con foseta lacrimal. Se las conoce en Asia y en las Américas. Seis géneros en la subfamilia, tres se conocen en Suramérica y también en Venezuela.

1. Género *Crotalus* - Las Cascabeles.

C. *durissus terrificus* - La Cascabel Común.

C. *vegrandis* - La Cascabel Monaguesa.

2. Género *Bothrops* - Las Mapanares y Guayacanes.

B. *atrox atrox* - Mapanare Guayanesa.

B. *colombiensis* - Mapanare, Guayacán (Zulia). Macaurel, Terciopelo (Occidente), Cuatronariz, Macagua, etc.

B. *medusa* - Tigra Mariposa Medusa.

B. *venezuelensis* - Tigra Mariposa de Venezuela.

B. *lansbergii venezuelensis* - Rabo Amarillo, Mapanare del Monte (Isla Margarita), Talla Equis, Rabo de Candela, Saltona (Zulia), Sapa (Trujillo).

B. *schlegelii* - Mapanare Cejuda.

B. *lichenosus* - Mapanare Liquenosa.

B. *neglectus* - Mapanare Amazónica.

B. *bilineata* - Mapanare Rayada.

3. Género *Lachesis* - Cuaimas.

L. *muta muta* - Cuaima Piña, Concha Piña, Cuaima.

LOS ACCIDENTES POR MORDEDURA

Después de haber sobrevivido los capítulos sobre las serpientes ponzoñosas, podemos considerar el importante aspecto de los accidentes causados por ellas, los cuales hacen a las serpientes uno de los importantes grupos de animales desde el punto de vista médico. Las estadísticas del Ministerio de Sanidad y Asistencia Social en Venezuela señalan que, en los últimos años, los accidentes por emponzoñamiento ofídico causan unas 250 a 300 muertes anualmente. El problema es todavía más serio si consideramos que las víctimas de mordeduras son usualmente niños (la potencia futura del país) o personas adultas activas, como los campesinos, que tropiezan con las víboras durante sus tareas en el campo o conuco.

Comparando estos números con las 8.000 muertes causadas anualmente por serpientes ponzoñosas en la India, o con las 2.000 personas que perecen anualmente en Brasil por la misma causa, nos puede parecer que la situación no es tan grave. Sin embargo, Venezuela no tiene, ni tantos habitantes ni tanta extensión territorial como los países mencionados, y las cifras comparativas muestran un cuadro desfavorable para Venezuela.

Afortunadamente, por lo menos dos instituciones trabajan muy activamente en el presente para subsanar esta situación. En el Instituto de Medicina Tropical (doctor F. PIFANO y colaboradores) de la Universidad Central de Venezuela, se han preocupado mucho para que los futuros médicos posean conocimiento apropiado para reconocer las serpientes ponzoñosas y aplicar los tratamientos correspondientes. Esperamos que las otras Universidades nacionales también se preocuparán en el mismo sentido. Por otra parte, los «Laboratorios Behrens», en Caracas, bajo el cuidado del doctor BERTHOLD, están elaborando sueros antiofídicos que son más específicos contra la ponzoña de las serpientes venezolanas.

Un serio problema que nos queda por superar es la ignorancia del pueblo frente a los accidentes de emponzoñamiento ofídico.

A) ¿CÓMO Y CUÁNDO MUERDEN LAS SERPIENTES?

Ya indicamos en un capítulo anterior que el ser humano, ni por su tamaño ni forma, puede constituir alimento o presa para las víboras; por tanto un accidente con ellas será netamente *defensivo* por parte del animal y no ofensivo, o sea, la serpiente no ataca al hombre para comerlo, sino en defensa propia. Lo curioso es que nosotros también oponemos el mismo argumento al aplicar un machetazo a una serpiente: matamos en defensa propia. Aunque es indiscutible que habrán numerosos casos en que la eliminación de una víbora será útil para nuestra propia seguridad en el campo o en la casa, siempre será la Mapanare o Cascabel la que actuará en defensa y no como atacadora.

Durante los quince años en que hemos estudiado las serpientes venezolanas, hemos participado en numerosísimas expediciones o excursiones, prácticamente a todos los rincones del país. Entre los varios centenares de serpientes que hemos capturado, ninguna nos ha perseguido ni atacado, a menos que se haya sentido amenazada.

Nos hemos preguntado muchas veces: ¿cómo y porqué las serpientes poseen la ponzoña? Pues la ponzoña no es otra cosa que la saliva transformada en tal forma que, introducida en otros animales, lleva a cabo una acción violenta, causando el emponzoñamiento. Millones de años atrás, las culebras poseían sus glándulas salivares que les ayudaba a segregar la saliva para engullir y digerir a la presa, como cualquier otro animal. Gradualmente, varios grupos de serpientes «encontraron» que ayudaba mucho a la dominación de la presa si se la paralizaba con la saliva. A medida que la saliva se transformaba en veneno más y más potente, algunos dientes desarrollaron surcos o canales profundos para mejor conducción de la ponzoña.

La Mapanare, igual que la Cascabel, posee todo un aparato completo que se ocupa de la producción y conducción de la ponzoña (fig. 65). Existe una glándula supralabial especial que segrega la ponzoña, la cual corre por un conducto hacia la parte anterior de la boca, desembocando en la parte superior de un colmillo largo, donde empieza el canal; éste atraviesa todo el

Fig. 65. La cabeza disecada de una víbora ponzoñosa, mostrando la situación de la glándula de veneno (con línea blanca) y los colmillos)

colmillo y se abre otra vez en la punta. Además de los colmillos funcionales, las serpientes ponzoñosas poseen varios colmillos de reserva que ocuparán el puesto de los colmillos funcionales cuando éstos se gasten o rompan. Cuando la boca está cerrada, los colmillos (que son móviles), están plegados al paladar, pero cuando la víbora abre su boca para morder, extiende los colmillos perpendicularmente y los clava en la presa. Al mismo tiempo los músculos de la cabeza oprimen la glándula y la ponzoña corre hacia la herida. Esto se asemeja a una jeringa o inyectadora, siendo la jeringa representada por la glándula y la aguja por el colmillo, con su canal perfecto.

La acción de la ponzoña varía considerablemente de especie a especie y son numerosos los factores que hay que considerar para evaluar el efecto de esta sustancia mortal.

B) ¿CUÁL DE LAS SERPIENTES DE VENEZUELA POSEE LA PONZOÑA MAS POTENTE?

Como en numerosos otros casos, tenemos que reconocer que no existe una contestación sencilla y clara a esta pregunta debido a lo siguiente:

a) No podemos saber directamente la acción dosificada sobre los seres humanos porque no podemos experimentar con ellos, con el fin de averiguar cuál sería la dosis mortal.

b) Además, parece ser que cada hombre posee resistencia diferente de acuerdo con su fisiología, estado de salud y ánimo, sin considerar que la mayoría de la gente o está enferma o posee algún punto u órgano más débil, el cual no resistiría una presión adicional.

c) Los animales experimentales de laboratorio reaccionan de manera muy diferente fiente a la ponzoña. Alguna paloma será muy resistente contra la ponzoña de la Coral, pero morirá; una dosis mínima no afectará mortalmente a un ratón, pero sí lo matará una tercera parte de la dosis de la Coral utilizada para la paloma. Ahora, la pregunta es: ¿Cuál de los animales se toman como medida standard y cuya reacción se asemeja más a la del cuerpo humano? No sabemos.

Otros factores que pueden influenciar la gravedad de un accidente son:

d) El lugar del cuerpo donde ha ocurrido la mordedura es, quizás, tan importante como la especie que ha mordido. Si los colmillos han penetrado una vena, probablemente hay pocas esperanzas de salvación, en tanto que si la picadura ha tocado una extremidad —dedos de pies o manos— existe buena posibilidad de salvar al paciente. Mordeduras en la cabeza, hombros o tronco central son mucho más difíciles de curar.

e) La dosis o cantidad inyectada por la serpiente. Si la serpiente ponzoñosa ha comido (mordido) uno o dos días antes, la cantidad de la ponzoña inyectada en la próxima herida será mínima o, por lo menos, considerablemente menos que una dosis completa. A veces, como ya vimos antes, la víbora no utiliza sus colmillos de veneno, produciendo una herida superficial con los otros colmillos sin mayores consecuencias.

Por otra parte, algunas indicaciones nos pueden ayudar a obtener una idea aproximada sobre la acción de la ponzoña en el hombre. Nuestro amigo, el doctor S. A. MINTON, de la Universidad de Indiana, ha compilado algunos datos sobre la cantidad de ponzoña que pueden producir varias serpientes ponzoñosas y la probable dosis mortal mínima para el hombre es:

Nombre	*Promedio de la ponzoña*	*Dosis letal para un hombre de 70 kgs. de peso*
La Cascabel (Suramericana)	40 - 47 mgs.	10 mgs.
La Mapanare	100 - 160 mgs.	70 mgs.
La Cuaima Piña	300 - 500 mgs.	150 mgs.
La Coral Ponzoñosa	5 mgs.	3 mgs.

La mayor cantidad de la ponzoña la posee la Cuaima Piña y la menor la Coral, pero la ponzoña de la Cuaima parece ser mucho menos potente, aunque la enorme cantidad que ella posee es suficiente para matar dos o más hombres. Para los niños la dosis letal será mucho menor. Juzgando por los datos, la especie más peligrosa es la Cascabel, cuya cantidad promedio de ponzoña puede matar de cuatro a siete hombres. Sin embargo, todas las especies poseen ponzoña en cantidad superior a la dosis mínima letal, lo cual es de mayor importancia para la seguridad del hombre. La cantidad aquí es el promedio de la ponzoña que las serpientes poseen, siendo el máximo, probablemente, varias veces más elevado.

C) ¿CÓMO EVITAR SER MORDIDO?

Para la gente del campo, la protección contra las serpientes ponzoñosas es una preocupación seria. Limpiar el terreno alrededor de las habitaciones, caminar con cuidado, son algunas de las cosas útiles que ellos hacen, porque el peligro es constante y ellos lo saben y se cuidan constantemente hasta donde les sea posible.

Los viajeros de las ciudades, los alegres vacacionistas y visitantes del interior están menos preparados para enfrentarse con las serpientes, pero tienen, por otra parte, mucho más miedo, usualmente muy exagerado, que les protege también, pero hasta cierto punto.

Las estadísticas muestran que más del 70 por 100 de las mordeduras por serpientes ponzoñosas son producidas en los pies y piernas, en tanto que un 20 por 100 sufren mordeduras en las manos y antebrazo. A base de estos datos podemos elaborar algunas sugerencias prácticas de protección o profilaxia:

1. LA HABITACIÓN DEL CAMPO

Debe estar limpia por dentro y por fuera, eliminando todo objeto innecesario, como cajas, paquetes o muebles cerrados. En ellas pueden esconderse ratones y ratas que son perseguidos por varias especies de serpientes ponzoñosas. Si es posible, hay que eliminar todo tronco caído, palos, arbustos o aun grama alta alrededor de la casa, donde las serpientes pudieran esconderse. Se conocen varios casos, aun en los suburbios de Caracas y Maracaibo, de Cascabeles y Mapanares que han producido una cría cerca de la casa y los jóvenes Cascabeles, sin experiencia y miedo a la gente, han invadido las zonas inmediatas de las casas y quintas. Esto puede ocurrir sobre todo en las colinas recién urbanizadas, donde existe una sequía artificial, produciendo condiciones favorables para la supervivencia de las Cascabeles (ver capítulo sobre las Cascabeles). En este caso, la eliminación total de los árboles crecientes en una urbanización es más bien contraproducente y favorece la aparición de Cascabeles.

La eliminación de ratas y ratones contribuye indirectamente a la eliminación del peligro de las serpientes ponzoñosas.

2. EN EL CAMPO

La precaución más importante es no andar descalzo, sino con zapatos firmes y lo suficientemente altos para proteger el pie y la parte inferior de la pierna. Los zapatos de lona pueden resultar insuficientes contra la mordedura de ejemplares grandes. Aun con zapatos, es muy importante ver por dónde se camina, sobre todo cuando la maleza es alta y espesa. Si uno ya ha pasado por un lugar, eso no elimina el peligro de las víboras. Recordemos que, por ejemplo, la Mapanare puede quedarse indiferente una vez, pero reaccionar violentamente la segunda si es molestada. La doctora EDITE KLISANS, quien trabajó de médico rural en El Espino, Estado Guárico, nos contó un caso en que varios niños estaban caminando en fila india por la hierba alta del Llano cuando una Cascabel mordió a uno de los últimos niños que pasaba. Probablemente, la Cascabel estaba durmiendo y a medida que los niños pasaban cerca de ella, se despertó, se sintió amenazada y mordió a uno de ellos.

La costumbre de andar con alpargatas, aunque saludable y agradable, y a veces necesaria, ha costado ya muchas vidas venezolanas en forma de accidentes con serpientes ponzoñosas. Si a esto se agregan accidentes por otras causas o por parásitos tropicales que penetran por la piel del pie, podemos decir que la alpargata es uno de los artículos que más expone a los habitantes del interior a peligrosas enfermedades tropicales.

Caminando donde abundan troncos caídos y piedras, es útil no hacer pasos largos o saltar al otro lado de estos objetos sin ver lo que está detrás. Mejor es subir primero sobre tronco o piedra, averiguar lo que se encuentra al otro lado y luego pasar. Combinadas estas precauciones ya hemos eliminado el 70 por 100 del peligro de mordeduras por serpientes.

Para proteger las manos nos pueden ayudar otra serie de precauciones: Primero, no se debe coger ningún objeto del suelo, ni perseguir animales dentro de las cuevas o levantar palos o piedras, ocupaciones éstas muy frecuentes entre los niños. Al levantar un objeto, uno no debe meter las manos debajo sin ver, y al levantarlo, se debe estar *detrás* del objeto (fig. 66), o sea, mantener el objeto (piedra) entre nuestro cuerpo y lo que pueda estar debajo de la piedra. De lo contrario, existe el peligro de que, en caso de que una serpiente se encuentre bajo la piedra, el único camino para huir sería en la dirección en que estamos nosotros (fig. 67).

Tampoco se debe meter las manos debajo de objetos, sin

Fig. 66. La manera correcta y precavida de levantar un objeto es dejándolo entre la persona y lo que está debajo del objeto (una Cascabel)

Fig. 67. La manera incorrecta de levantar una piedra pone en peligro la vida

levantarlos o explorarlos primero con un palo. No se deben explorar cuevas con las manos (fig. 68). Frecuentemente, tanto niños como adultos, tratan de encontrar o perseguir animales en sus cuevas; así pasa con los ratones, lapas y cachicamos, o simplemente curiosear lo que pudiera estar dentro. Es conocido, por ejemplo, que la Cuaima Piña usa a veces las cuevas del cachicamo para esconderse, y varios accidentes fatales han sido producidos a cazadores de cachicamos. Muchas otras especies de serpientes, tanto venenosas como no venenosas, pueden esconderse en cualquier cueva disponible, grande o pequeña. Si se quiere explorar algún hueco o cueva animal, se lo debe hacer con un palo, estando siempre listos, pues una serpiente ponzoñosa podría salir de ella en cualquier instante. En resumen, en

Fig. 68. Nunca se deben meter las manos debajo de piedras o en cuevas sin ver antes lo que se encuentra adentro

el campo uno nunca debe de poner las manos donde no se vea lo que está haciendo.

Otra precaución útil es no sentarse en el suelo ni en la maleza, sin averiguar antes si el lugar está realmente libre de todo peligro. Debemos recordarnos que algunas especies de serpientes se adaptan excelentemente bien al medio ambiente en que viven y son difíciles de descubrir.

3. CONTACTO CON LAS SERPIENTES

Como la gran mayoría de las serpientes son prácticamente inofensivas, hay personas que las coleccionan y luego las mantienen en la casa o aun juegan con ellas en las manos. En Europa y Norteamérica, los reptiles, inclusive las serpientes inofensivas, son consideradas cada vez más como un animal «doméstico». Los niños, jugando con ellas, pierden gradualmente el miedo. Si bien este punto de vista es sano y seguro, sobre todo cuando las serpientes han sido examinadas por expertos en los Jardines Zoológicos, Universidades u otros Institutos, existen siempre exageraciones. Muchas personas, para mostrarse «machos», toman las serpientes en sus manos y juegan con ellas, aun con las Mapanares y Cascabeles. Esto, desde luego, es una osadía sin justificación y no se diferencia mucho de jugar a la «ruleta rusa». La similitud entre los dos juegos queda comprobada por el hecho de que ambos producen anualmente varios casos mortales. Hay personas que afirman tener un don que les protege contra las picaduras. Es posible que exista una seguridad y tranquilidad personal interna frente a las serpientes, como frente a cualquier otro animal. Pero aun los «más seguros» pueden caer víctimas de sus protegidas, como lo cuenta elocuentemente una noticia en el diario *El Universal*, del 28 de noviembre de 1956, que fue reproducida en el interesante libro del doctor QUINTINI:

«Libertad de Cojedes, noviembre 27. (Ofipren). Sumamente delicado de salud se encuentra Demesio Escobar, de 36 años, a consecuencia de la mordida de una serpiente.

Escobar abusó de su especialidad en atrapar ofidios vivos, fingiendo de encantador de los mismos, por lo que lo llaman «El Brujo», y ayer, después de asir la culebra con la mano derecha, el animal le clavó los colmillos en el dedo pulgar, inoculándole el amarillento veneno. Al rato era presa de temblores en todo el cuerpo, y un tremendo dolor de cabeza le hacía emitir lastimeros quejidos.

El caso sucedió cuando una muchacha de 17 años comenzó a dar gritos aterrorizada por una Mapanare de las llamadas «rabo frito» que se se había metido en el baño. Muchas personas acudieron para saber lo que pasaba, y una vez enterados, lo hicieron saber a Demesio Escobar, quien suspendió su trabajo de motorista en la planta eléctrica para capturar al ofidio. Fue así como con gran habilidad aprisionó a la serpiente por el cuello, pero al descuidarse fue mordido por ella. El doctor Felipe Hernández, médico de la localidad, aplicó a «El brujo» suero antiofídico polivalente, mientras Escobar, no obstante su gravedad, se oponía obstinado a que mataran la Mapanare.

Lo curioso del caso es que, según informaron en la Prefectura del distrito, todas las noches se matan en esta jurisdicción más de 20 culebras entre Mapanares y Cascabeles, y sin embargo, hasta ahora sólo ha sido víctima de estos peligrosos ofidios Demesio Escobar, el mismo que había adquirido fama por jugar con las serpientes después de atraparlas vivas».

La recomendación de protección que podemos sugerir aquí es no agarrar con las manos ninguna serpiente a menos de tener la seguridad de que se trata de una especie no ponzoñosa, o buscar la ayuda de un experto científico y no la de un «experto» autoescogido o un «sabelotodo» de los que abundan en todos los pueblos. (El pseudoconocimiento de éstos puede ser más peligroso que una ignorancia completa.) Nunca agarrar una serpiente ponzoñosa, cuidándose particularmente de las Corales, que son muy difíciles de distinguir.

D) ¿QUÉ HACER CUANDO HA SIDO MORDIDO?

Al producirse la mordedura (a pesar de las precauciones sugeridas en los capítulos anteriores) en tiempo muy corto habrá de decidirse qué hacer para impedir el avance del mal.

1.º Hay que tratar de atrapar o matar al ofidio que ha producido la mordedura. Es útil llevarlo, para que el médico lo examine, y si uno mismo reconoce a la culebra como venenosa hay que empezar el primer auxilio en el acto.

2.º Examinar la herida: si se notan dos puntos más pronunciados entre las varias heridas producidas, es de sospechar que la serpiente era ponzoñosa y los puntos profundos han sido hechos por los colmillos venenosos. Si no se pueden distinguir lo puntos más profundos, todavía es posible que se trate de una serpiente venenosa.

3.º Quedarse tranquilo, sin correr, cosa difícil para la mayoría después de haber sido mordido por una serpiente.

4.º Sin correr, tratar de llegar lo más pronto posible al lugar más cercano donde se pueda obtener el auxilio médico apropiado.

Tan importante como es saber lo que se debe hacer en caso de un accidente, es también importante saber:

E) ¿QUÉ ES LO QUE SE DEBE HACER CUANDO ESTÁ MORDIDO?

1.º No excitarse, correr, ni enfurecerse contra la serpiente que le ha causado el accidente.

2.º No tomar café, ni alcohol de ninguna clase. Esto sólo estimula la circulación sanguínea que distribuiría más rápido a la ponzoña por todo el cuerpo, agravando la situación. Es muy corriente, sobre todo en el interior del país, dar aguardiente a los mordidos, tratando de emborracharlos, pero esto es contraproducente. A medida que la ponzoña surte más y más efecto, y el corazón empieza a fallar, el médico sabrá qué estimulante aplicar y en qué momento.

3.º No vacilar en empezar el primer auxilio y buscar inmediatamente la ayuda médica, aun cuando al principio los síntomas no son de gravedad. No posponer ninguna acción que pudiera ayudar al tratamiento de la mordedura. No importa si más tarde resulta que la serpiente no era ponzoñosa, o la mordedura no presentó aspecto de gravedad. A veces la diferencia de un cuarto de hora puede decidir entre la vida y la muerte.

4.º No dar al paciente mucha comida pesada ni hacer nada que pudiera sobrecargar la actividad metabólica del cuerpo para luchar contra la ponzoña. Jugo o vitaminas, aunque no ayudan directamente, pueden facilitar el funcionamiento de los procesos fisiológicos.

5.º No acudir al curandero o brujo. Lo único que ellos pueden «curar» son las mordeduras por serpientes no ponzoñosas. El doctor QUINTINI, en su libro sobre Serpientes y Curanderismo describe numerosas creencias falsas y supersticiones en relación a las serpientes y curanderos. Sin tener una base médica o conocimiento biológico sobre la ponzoña, los curanderos influencian sólo el estado psicológico del paciente mordido que a veces puede ayudar a superar una mordedura, aun de una serpiente venenosa, pero con poca ponzoña. Lo trágico no es este tipo de «curación», donde el paciente hubiera sobrevivido con o sin curandero, sino el hecho de que los pacientes con una mordedura grave prefieren acudir al curandero, (quien no les puede ayudar) antes que al médico, el cual les hubiera podido salvar la vida si hubiese sido traído el paciente a tiempo.

6.º No aplicar ningún tipo de torniquete, ni abrir más la herida con instrumentos cortantes.

F) ¿CÓMO ACTUA LA PONZOÑA?

La ponzoña de las diferentes especies de serpientes tienen propiedades diversas, actuando sobre varias estructuras del cuerpo humano.

Las *corales* poseen una ponzoña que no produce mucho dolor local en la mordedura, pero interviene sutilmente en la función de los nervios de una manera similar como el famoso veneno «curare» o «barbasco» de origen vegetal. Lo engañoso es que los síntomas del emponzoñamiento pueden aparecer a veces hasta siete horas después de haber sido mordido el paciente: abundante salivación y lacrimeo acompañado por angustia y ceguera, son típicos signos de emponzoñamiento neurotóxico, o sea, de una ponzoña que actúa sobre el sistema nervioso. Síntomas más graves son la parálisis parcial y la dificultad respiratoria, que en los casos fatales se traducen en parálisis total de la respiración y muerte por asfixia.

Una ponzoña algo similar poseen también las *cascabeles*, pero con algunos síntomas adicionales, como ligero hinchamiento local, seguido por adormecimiento, dolores musculares y de cabeza. La impresión de la «nuca quebrada», que hace caer la cabeza hacia adelante, es otra de las características de este emponzoñamiento, acompañadas por la dificultad de coordinar los ojos. Las dificultades respiratorias están también presentes.

Las *mapanares* y especies relacionadas producen otro tipo de emponzoñamiento, que principia con dolores muy intensos en el lugar mordido que luego resultan en destrucción de la piel y los músculos y toda la herida es una expresión de procesos más desagradables. La sangre sigue corriendo, hay hemorragias, no sólo en la herida sino también en la nariz y las en-

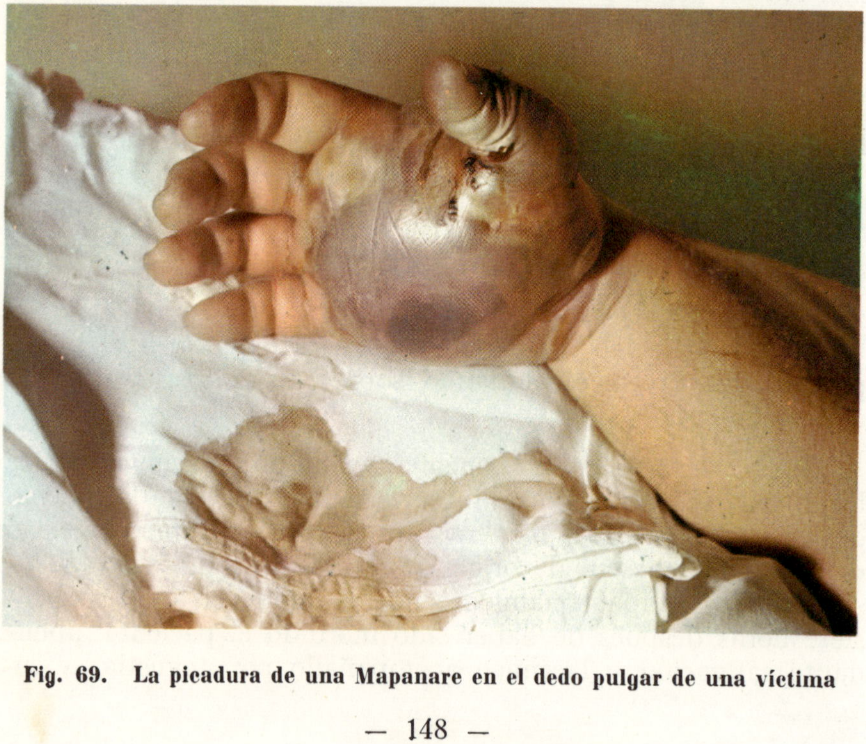

Fig. 69. La picadura de una Mapanare en el dedo pulgar de una víctima

cías y se presenta una debilidad general con sudores, mareos y vómitos.

Un herpetólogo amigo nuestro se encontraba examinando una Mapanare y fue mordido en el pulgar derecho (fig. 69). Durante dos días, el científico estuvo luchando entre la vida y la muerte a pesar de haber recibido el suero antiofídico muy pronto y haber tenido la atención de hábiles médicos. Después de haber salvado su vida, los médicos lucharon por salvar su mano, y el amargo resultado de la mordedura fue la pérdida del dedo pulgar (fig. 70). Afortunadamente nuestro colega es zurdo.

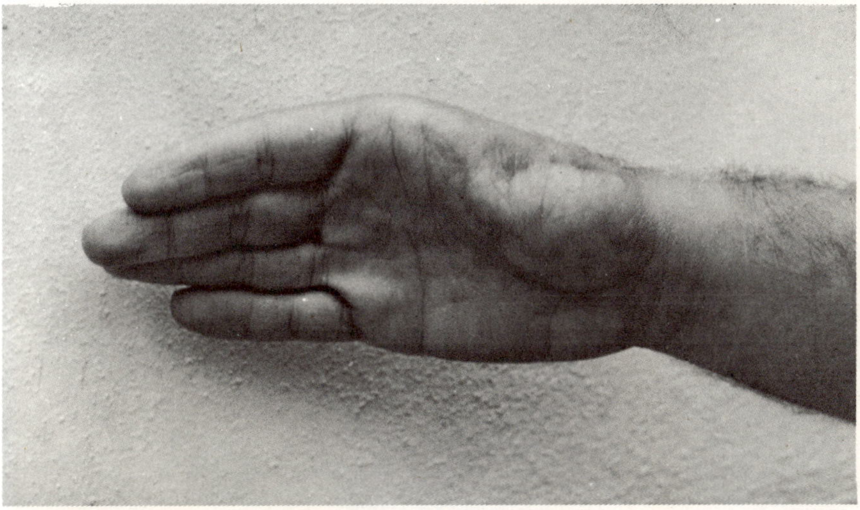

Fig. 70. El amargo resultado de la mordedura fue la pérdida del dedo pulgar

La *Cuaima Piña* posee una ponzoña que actúa tanto localmente como también sobre el sistema nervioso en general, produciendo síntomas similares a los de las Cascabeles, así como también a los de las Mapanares. En general, parece que el veneno de la Cuaima no es tan potente, pero ella lo posee en grandes cantidades.

G) ¿CÓMO CURA EL MEDICO?

Los médicos han inventado una serie larga de términos específicos para designar cada síntoma de emponzoñamiento y han logrado gran precisión científica al combatirlos con la medicina apropiada.

Hasta el presente, el arma más efectiva contra la ponzoña parece ser los sueros antiofídicos elaborados específicamente contra las ponzoñas de serpientes. En Venezuela los «Laboratorios Behrens» producen tres tipos de sueros:

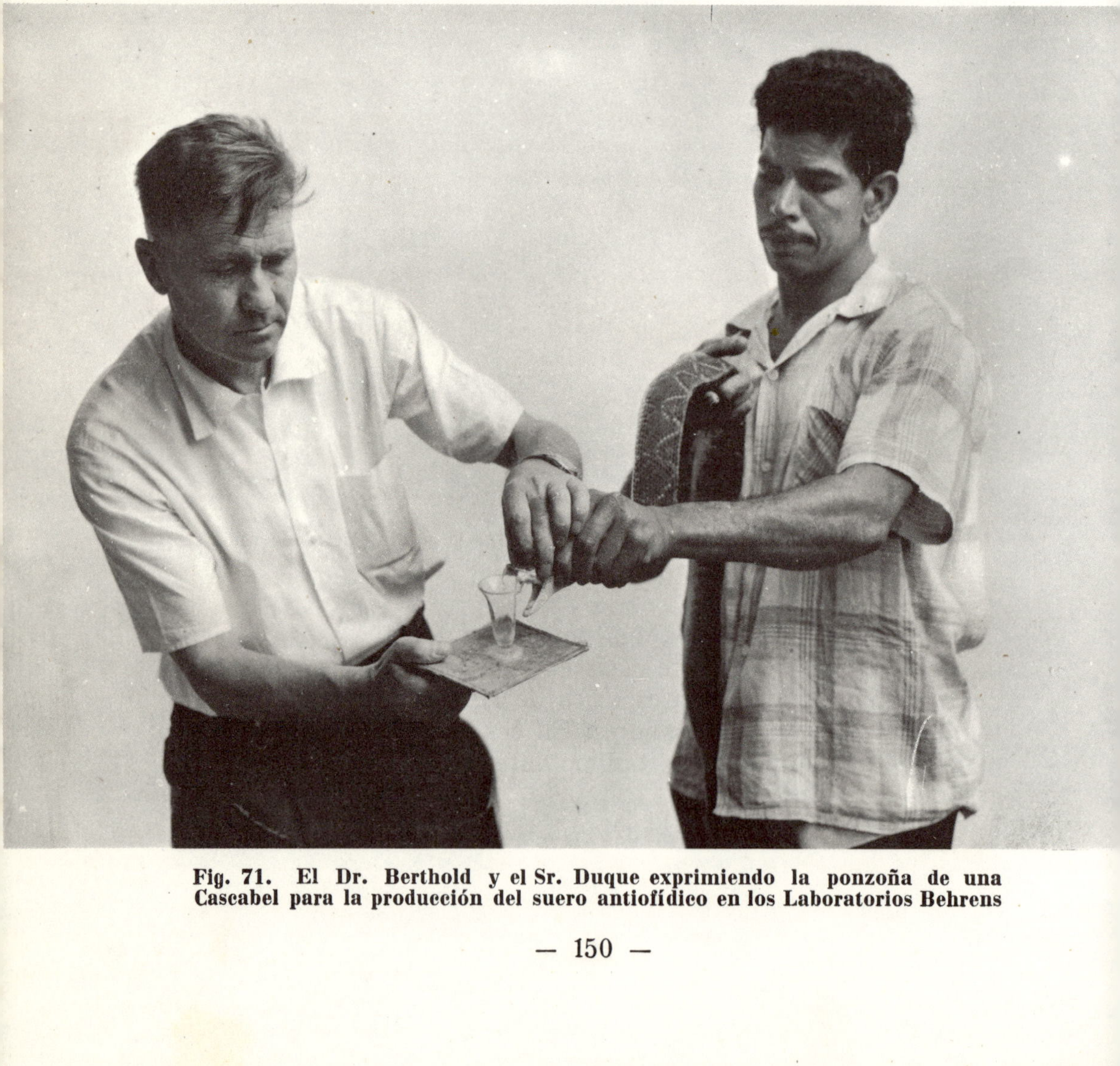

Fig. 71. El Dr. Berthold y el Sr. Duque exprimiendo la ponzoña de una Cascabel para la producción del suero antiofídico en los Laboratorios Behrens

— El *suero antibotrópico*, que nuetraliza la ponzoña de la Mapanare y las Tigras Mariposas.

— El *suero anticrotálico*, que neutraliza la ponzoña de las Cascabeles, y

— El *suero antiofídico*, que se puede utilizar cuando no se sabe si la serpiente que ha producido el accidente es Mapanare, Tigra, Mariposa o Cascabel. La elaboración de estos sueros se debe al trabajo constante y meritorio del doctor GUNTHER BERTHOLD (fig. 71) y a su equipo de colaboradores.

Es más efectivo utilizar el suero específico apropiado, pero cuando uno viaja por el campo, no sabe con qué especie puede tropezar; por tanto, lo indicado es llevar varias ampollas del suero antiofídico. Cada ampolla lleva sus instrucciones de cómo utilizarla. Tenemos entendido que el Instituto de Patología Tropical de la Universidad Central de Venezuela está preparando también varios tipos de sueros antiofídicos contra las serpientes venezolanas.

Varios institutos en Brasil producen sueros antiofídicos, siendo el más conocido de ellos el del Instituto Butantan de Sao Paulo. Este es el único instituto del mundo que produce un suero antiolepídico que sirve contra la mordedura de las Corales ponzoñosas. Este suero no se encuentra a la venta.

La aplicación del suero específico se hace en la espalda, entre los omoplatos, en el tratamiento de los accidentes, pero hay que acordarse de que el suero antiofídico puede neutralizar la ponzoña que no ha actuado, pero no el daño ya producido. Esto es algo similar al trabajo de los bomberos: ellos pueden apagar las llamas y prevenir su proliferación, pero no pueden reparar los daños ya causados por el fuego. El tratamiento hecho por el médico está dirigido:

a), eliminar la ponzoña con medios disponibles mecánicos y retardar su absorción (parcialmente cubierta ya por el primer auxilio);

b), neutralizar la ponzoña con antivenenos apropiados,

c), contrarrestar la actividad farmacológica específica de la ponzoña, y

d), aliviar los síntomas y prevenir las complicaciones.

Además de los sueros antiofídicos o antivenenosos, han sido utilizados con cierto éxito los corticoesteroides, sobre todo contra las Mapanares y Cascabeles. A veces, han sido logrados resultados satisfactorios con la aplicación intravenosa de glutonato o lactato de calcio, sobre todo en ausencia de sueros antiofídicos. En algunos casos han sido utilizadas dosis masivas de vitamina C. Ciertas especies, como las Mapanares, producen hemorragias que se pueden combatir con la vitamina K. Muchas ponzoñas ofídicas tienen acción histamínica, pero los productos antihistamínicos parecen incapaces de intervenir en este proceso.

En los casos más graves los médicos pueden acudir a la transfusión de sangre, sobre todo cuando el veneno tiene propiedades hemotóxicas. Oxígeno o algún tipo de equipo para la respiración artificial puede a veces ser muy importante en el caso del emponzoñamiento de las Corales o también Cascabeles. Examinando las historias clínicas de los accidentes por Corales ponzoñosas, hemos constatado que el oxígeno puede ser factor decisivo en el tratamiento de los pacientes más graves.

Como la boca de las serpientes es un depósito abundante de bacterias que pueden producir infecciones, la terapéutica antimicrobiana será mantenida durante todo el proceso del tratamiento.

LEYENDAS Y CREENCIAS

Cuando uno corta el cascabel de una Cascabel, tiene que correr y pasar siete ríos para que la Cascabel no le pueda alcanzar más. Cuando ella ha sido muerta, la Cascabel macho perseguirá al hombre, pero perderá sus huellas más allá del séptimo rio. Así cuenta una creencia del Llano de Venezuela.

El mundo de las serpientes ha sido particularmente favorecido por el desarrollo de leyendas, creencias y vuelos de fantasía, no solamente en Venezuela, sino en el mundo entero. Su papel en las leyendas puede ser de lo más variado, representando la serpiente toda la gama de posibilidades desde la máxima malhechora (la tentadora del Paraíso) hasta los grandes símbolos de sabiduría, evolución y fuego cósmico. La serpiente de Kundalini, en la simbología hindú, es la energía dentro del hombre, tan poderosa e ilimitada como la energía atómica. Dicen los hindúes que cuando el hombre empieza a liberar su propio potencial, la serpiente o fuego de Kundalini, que duerme en la base de la columna vertebral, sube por los diferentes centros dentro del cuerpo y los vitaliza, hasta llegar a la cabeza. En este momento el hombre adquiere tremendos poderes sobrenaturales y una nueva visión de la realidad que le ayuda a transformarse en superhombre. Su transformación, causada por la subida de Kundalini, es profunda, y sus poderes tan extraordinarios como la energía atómica.

Las leyendas son hermosas. Ellas han permitido al hombre cubrir aquellas partes de la existencia presente o pasada que no se comprenden, cuando la realidad parece ser tan profunda que sólo los símbolos pueden aproximarse a lo que se trata de explicar. La serpiente ha parecido, usualmente, como un ser poco comprendido; por tanto, su utilización como símbolo, ha sido inevitable. Las leyendas enriquecen a la vida, aunque sea sólo poéticamente.

Simples creencias, supersticiones o exageraciones, empero no enriquecen a nadie, y son reflejos de nuestro propio miedo frente al mundo, incluyendo a las serpientes. Ellas son el resultado de simple ignorancia y carecen de una base real o, en el mejor de los casos, siendo una explicación errada y exagerada de hechos verídicos. Sin embargo, muchas veces las observaciones hechas por el pueblo pueden ser útiles, sobre todo cuando son efectuadas por personas serias y tranquilas, siendo siempre interesante comprobarlas con observaciones científicas.

Existen numerosas creencias venezolanas sobre las serpientes. En varias regiones se utilizan diferentes amuletos o sustancias para alejar a las serpientes. Si bien los amuletos no tienen valor alguno para espantar las culebras, pueden producir tranquilidad a su propietario, aunque a veces esto puede transformarse en confianza excesiva con peligro potencial de accidentes. En la región de Imataca la gente trata la mordedura de serpientes con el yagrumo *(Cecropia sp.)*, como también dicen que el ajo o bejuco de ajo *(Adenocealyma sp.)* espanta a las serpientes, excepto a la Cuaima, pues ella llega de noche al fuego para calentarse. En otras partes recomiendan coser ajo en el pantalón o también humedecer o cargar en la punta del pantalón permanganato de potasio, un poderoso desinfectante. Ni el permanganato ni el ajo, ni otros remedios así recomendados, poseen cualidades especiales para ahuyentar a las serpientes.

Otra superstición interesante en el Llano es la convicción de que la Verdegallo u otra culebra, cantan como el gallo. Sobre todo, después de haber mordido a alguien, la Verdegallo suelta su canto, y muchos juran haberlo oído. Ninguna serpiente tiene cuerdas vocales ni otro instrumento para producir voz o canto. No les hace falta ya que, como mencionamos, todas ellas son sordas y no pueden percibir sonidos producidos por la vibración del aire. Lo que más se acerca a una «voz» es el sonido producido por las Tragavenados o alguna otra serpiente cuando, excitada, expulsa el aire repentinamente con un sonido continuo de «shshsh».

Una creencia muy arraigada en el interior del país es la de que las culebras maman a las vacas o aun a mujeres que están en períodos de lactancia; cuando la mujer duerme, la culebra llega y mama hasta que ha sacado toda la leche y no queda nada para el niño la próxima mañana. Sobra decir que las culebras no pueden chupar ni mamar, y mucho menos a un ser humano, pues si así fuera, sus numerosos dientes herirían a la víctima.

En la isla de Margarita, así como también en el Estado Bolívar, oímos el cuento de que la serpiente, al meterse en un río, deja siempre su ponzoña sobre alguna piedra en la orilla y de ahí es que no muerden, o cuando muerden, no tienen ponzoña. La explicación es muy sencilla: muchas serpientes, aun las ponzoñosas, no se sienten en el agua como en su elemento natural, por tanto más bien prefieren huir en vez de morder. Además, les es muy difícil armarse para morder y se hundirían al no seguir empleando todo su cuerpo para nadar. Las únicas serpientes colúbridas acuáticas o semiacuáticas que sí muerden ocasionalmente al hombre dentro del agua, no son ponzoñosas y la mordedura, por tanto, «carece de ponzoña».

Varios de los viajeros de antaño, sin conocer a la fauna del Nuevo Mundo, oyeron los cuentos exagerados sobre las serpientes y agregaron lo suyo para dar más brillo y sensación a sus viajes. Un buen ejemplo de esos viajeros es el Padre GUMILLA, quien hace muchísimos años recorrió muchas partes de Venezuela. El cuenta sobre el *Buio*, o *Madre de las Aguas* (aparentemente, la Culebra de Agua o Anaconda) que llega a ocho varas de largo, pero con movimientos muy pesados y lentísimos. Lo más extraordinario de este serpentón es su vaho muy ponzoñoso, capaz de atontar y volver inmóvil a animales y hombres, y los atrae a paso lento hacia su boca. El Buio los traga luego enteros, porque no tiene dientes. La única salvación del sujeto es cuando algo se interpone entre su vaho y la víctima, pudiendo entonces escapar.

En los cuentos del Padre GUMILLA, la Cazadora es una serpiente que excede «en muchas varas» al Buio y su «ligereza causa espanto». Luego, él habla sobre la «Culebra de dos Cabezas», que bien pudiera ser algún tiflópido o aun la *Amphisbaena*, el lagarto sin patas; pero él señala que es de movimientos muy lentos y con la ponzoña fatal. Su cuento sigue:

«Es muy difícil matar una de estas culebras, porque si se le corta por la mitad, cada cabeza de por sí busca la otra y luego que se encuentran y de común acuerdo, unen los extremos cortados, y sirviendo la misma sangre de liga, quedan otra vez unidas. Si se cortan en tres cada cabeza busca su parte y luego se unen las tres.»

La receta que el Padre GUMILLA sugiere para matarla es cortar las cabezas con muy poco cuerpo o enlazarlas con un cordel y colgar sobre un árbol. Sin embargo, él advierte que aun ya secadas por el sol, las cabezas cortadas caen y al llegar las lluvias pueden revivir, unirse y seguir su camino. En realidad parece una tarea casi hercúlea la de matar a la totalmente inofensiva «Culebra de dos Cabezas».

Quizás el cuento de culebras más sensacional e increíble representa el narrado de JAMES M. SPENCE, en su libro *Tierra de Bolívar* (Land of Bolívar) editado en el año 1878. Para el deleite de nuestros lectores lo traducimos a continuación:

«Coleccionando plantas, aves e insectos en las montañas de Mérida, en compañía de un ayudante, el señor GOERING *quitó sus botas para vadear el agua en busca de algunas plantas acuáticas. Al regresar, en el lugar donde estaban las botas ellos encontraron que una serpiente había picado a una de ellas y por la ponzoña ya la bota se había hinchado unas 20 veces de su tamaño original. Después de matar a la serpiente (la cual adorna actualmente a uno de los museos europeos) los dos se sentaron y, en el interés de la ciencia, observaron el gradual incremento del tamaño del objeto emponzoñado (fig. 72). Mientras lo estaban haciendo llegó uno de estos intensos aguaceros tropicales que transforma esas regiones en ríos temporales. Como no había ningún otro albergue cerca, los dos naturalistas se metieron en la bota y pasaron allí una noche caliente y confortable.*

En la mañana, cuando ellos salieron, encontraron que la bota no había parado de crecer ya que su tamaño era casi suficiente como para cubrir una catedral, y la punta donde habían penetrado los colmillos de la serpiente había producido una imitación tan graciosa de una media esfera, que el edificio, tal cual, fue adaptado sin alteraciones algunas para una iglesia, atendida actualmente por los monjes Franciscanos.»

Aparentemente, es un cuento de GOERING, hábil naturalista e ilustrador alemán, que «vendió» al crédulo SPENCE y representa más bien una burla que un cuento.

Varias leyendas de indios del territorio venezolano incluyen a las culebras como actores importantes en sus epopeyas heroicas. Los *warrau*, del Delta Amacuro, hablan sobre enormes

Fig. 72. «... y por la picada ponzoñosa ya la bota había crecido unas 20 veces su tamaño natural»

serpientes (Jubas), en tanto que los indios *maquiritares* tienen una leyenda hermosa entre los mitos de Uanadi y su lucha por el bien.

«Uanadi, creado por Shi, el sol, con un soplo sobre un guijarro celeste, tenía peleas sin fin con su archienemigo Kahú, encarnación del mal. Uno de los aliados del último era Mawadi, un espíritu maligno que vivía en el agua en forma de una serpiente gigantesca, mucho más grande que las Anacondas modernas. Como Mawadi, en su encarnación de serpiente, comía mucha gente, Uanadi, el hijo del sol, siendo protector del maquiritare, entabló una formidable batalla con el enorme serpentón, que se llevó a cabo en un raudal que los maquiritares llaman hoy día el «Mawadi-anehidi», en el río Kunu, al norte del Cerro Duida. Parece que Mawadi-anehidi significa «Mawadi-cocinándose», porque una vez superado el monstruo, Uanadi lo cocinó el margen del raudal y molió sus huesos en un gran mortero que está todavía visible en la sabana cerca del raudal. Pero resultó que, a pesar de la muerte de su forma, el espíritu maligno, Mawadi, siguió existiendo gracias a su poder mágico. Mientras Uanadi cocinaba los pedazos del cuerpo de su enemigo vencido, las aguas de Kunu subieron repentinamente, obligando a Uanadi a huir; y los pedazos del cuerpo de la serpiente se transformaron en piedras que forman ahora las rocas del raudal.»

Las leyendas no causan ningún daño, pero las supersticiones y creencias erradas pueden causar muertes. Esperamos que algún día tendremos todas las supersticiones sustituidas por el conocimiento, única arma protectora del hombre y también de las serpientes. Uno de los viajeros más notables fue A. von Humboldt (fig. 73), quien fue el primero en estudiar científicamente a nuestra Cascabel, diferenciándose en esta forma de los que creían los cuentos de los lugareños o de otros viajeros.

Fig. 73. El erudito alemán, Alexandre von Humboldt, que fue el primero en estudiar las Cascabeles de Venezuela (Foto cortesía de Shell de Venezuela)

INDICE